# 大地をつくる 岩石

監修：西本昌司

緑色凝灰岩（りょくしょくぎょうかいがん）
（グリーンタフ）

日本列島5億年の旅 大地のビジュアル大図鑑 4

# 大地をつくる岩石

# もくじ

◉ 表紙の写真

結晶片岩（埼玉県長瀞町）
写真:竹下光士

◉ 裏表紙の写真

糸魚川海岸の石(p.6)（新潟県糸魚川市）
写真:宮本英樹


4 はじめに
5 この本の使い方
6 拾った「石」を観察してみよう


## 1章 岩石の成り立ち


8 岩石は鉱物のおにぎり！
コラム:岩石や鉱物は原子の集まり
10 岩石にはどんな種類がある？
12 岩石はどこでできるのだろう？
コラム:なぜマントルは緑色なのか
14 まちで出会えるすごい石
インタビュー:すごい石はまちのいたるところにある！


## 2章 火成岩


16 マグマが固まった火成岩
18 白っぽい深成岩のなかま
20 黒っぽい深成岩のなかま
コラム:火成岩の粒の大きさのちがい
22 いろいろな見た目の火山岩
24 白い粒と黒い粒が見える火山岩

黒曜岩(p.23)

れき岩(p.30)

片麻岩(p.41)

## 3章 堆積岩


26 積もって固まった堆積岩

28 火山由来の火山砕屑岩

コラム:日本海側に多い緑色凝灰岩

30 くだけた岩石由来の砕屑岩

32 生き物からできた生物岩

34 丸い岩石「コンクリーション」


## 4章 変成岩


36 熱と圧力で変化した変成岩

38 焼き物のような接触変成岩

コラム:熱で大きな結晶になる

40 しまもようの広域変成岩

コラム:“最古の岩石”は片麻岩

42 地下深くでできた広域変成岩

コラム:ひすいの名産地「糸魚川」

44 information 石に親しむはじめの一歩! 岩石を拾って名前を調べよう

コラム:石をみがこう!

46 さくいん

# はじめに

「岩石」という言葉はあまり聞きなれないかもしれません。ふつうは「岩」か「石」ということが多いでしょう。たしかに、山や谷などの地表にあらわれているのは「岩」で、川原や海岸にたくさん転がっているのは「石」といいます。

しかし、大きさがちがうだけで、どちらも地下にあった岩盤がくだけたものです。ですから、科学の世界では、岩と石を区別することなく「岩石」とよびます。

その岩石は、鉱物の粒でできています。それは、おにぎりがご飯粒の集まりでできているのと似ています。おにぎりの味が具の種類や量によってかわるように、岩石の特徴も、ふくまれている鉱物の種類と割合でかわります。ですから、岩石を観察するときには、どんな粒が、どんなふうに集まっているのか調べるのです。

シリーズ「日本列島5億年の旅 大地のビジュアル大図鑑」のほかの巻で紹介されていることのなかには、岩石を調べることでわかったことがたくさんあります。岩石は、大地の記録がつまった“地球のかけら”といえるでしょう。

西本昌司

# この本の使い方

この本は、代表的な岩石を写真とイラストで紹介することで、その成り立ちを知り、身近に感じられるように工夫されています。

- **1章** 「岩石とは何か」という基本的なことを解説しています。
- **2章** マグマが固まってできた火成岩を紹介しています。
- **3章** 砂や泥などが降りつもって固まってできた堆積岩を紹介しています。
- **4章** 熱と圧力で変化してできた変成岩を紹介しています。

見開き（2ページ）で1つのテーマをあつかう。

たくさんの写真とイラストを使ったわかりやすい解説。

**❶ 本文**
見開きで紹介している岩石の特徴について解説している。

**❷ 岩石名**
写真で紹介している岩石の名前。

**❸ 岩石の分類**
❷の岩石が、10ページで解説する3大グループおよびそれらのサブグループのうち、どのグループにあたるかを示している。

**❹ 岩石の写真**
岩石標本を、鉱物の粒が見えるくらい大きな写真で紹介している。

**❺ 身近な石材の写真**
まちのなかで見ることができる石材を紹介している。

**❻ 用語解説**
そのページの内容をより深く理解するために必要な用語の意味を解説している。

**❼ スケール**
岩石標本の大きさを知るための目安。

**❽ コラム・インタビュー**
岩石にまつわるエピソードや専門家からの話を紹介している。

---

**アイコン** ◉ アイコンは、シリーズ「日本列島5億年の旅 大地のビジュアル大図鑑」の全6巻共通で使用しています。

---

ほかの巻に関連する内容は、以下のアイコンで示している。

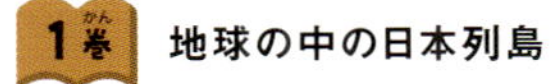

1巻 地球の中の日本列島

2巻 地球は生きている 火山と地震

3巻 時をきざむ地層

5巻 大地をいろどる鉱物

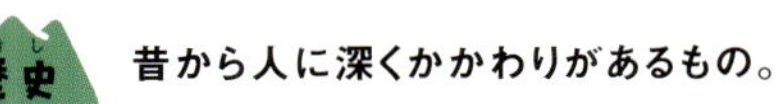

6巻 大地にねむる化石

くらし 人びとのくらしにとって大切なもの。

歴史 昔から人に深くかかわりがあるもの。

（例）

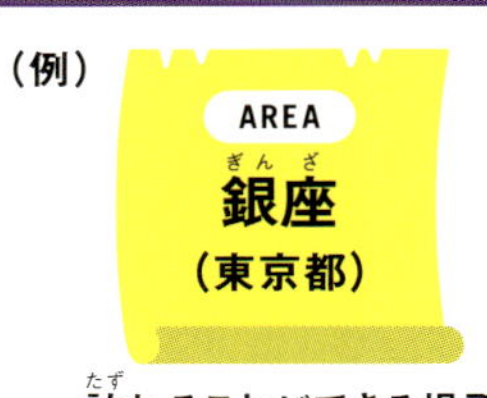


訪ねることができる場所。

# 拾った「石」を観察してみよう

石は、家や学校の近くの川原や海辺、山の中などあちこちにあって、さまざまだ。
色やもよう、手ざわりなどをてがかりにして、分類してみよう。

ざらざらの石、つるつるの石、
黒い石、赤い石、つぶつぶのある石、
まだらもようのある石、しまもようのある石
石はいろいろ！

北上川・中流（岩手県）の川原の石

下甑島・片野浦（鹿児島県）の
海辺の石

大山町（鳥取県）の川原で
採取した石

糸魚川海岸（新潟県）の石

奄美大島・
小湊海岸（鹿児島県）
に打ちよせた石

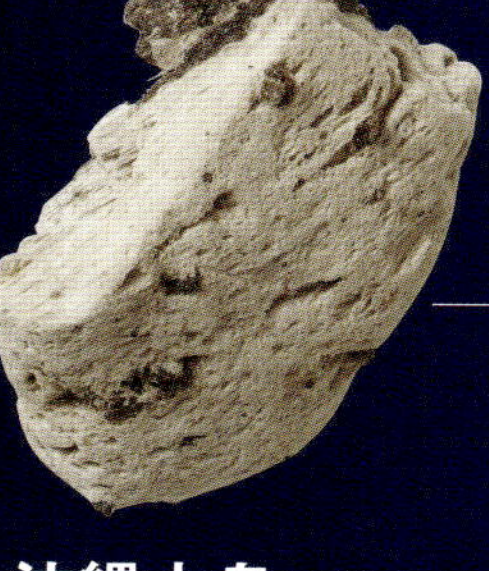

沖縄本島・
大浦湾（沖縄県）の海に
うかんでいた石

今治市（愛媛県）の
海辺で採取した石

大神子海岸（徳島県）の石

**石の種類を学んで、
なかま分けをしてみよう！**

# 岩石は鉱物のおにぎり！

岩石は鉱物とよばれる小さな粒が集まってできたもの。
それはまるで、ごはんや具によって見た目や味が決まるおにぎりみたいだ。

石とおにぎりが
そっくりだ！

## おにぎりと岩石の比較

岩石と鉱物の意味のちがいは、
岩石をおにぎりにたとえて理解しよう。 

ごまシャケおにぎり　　　　【岩石】花崗岩 (p.18)

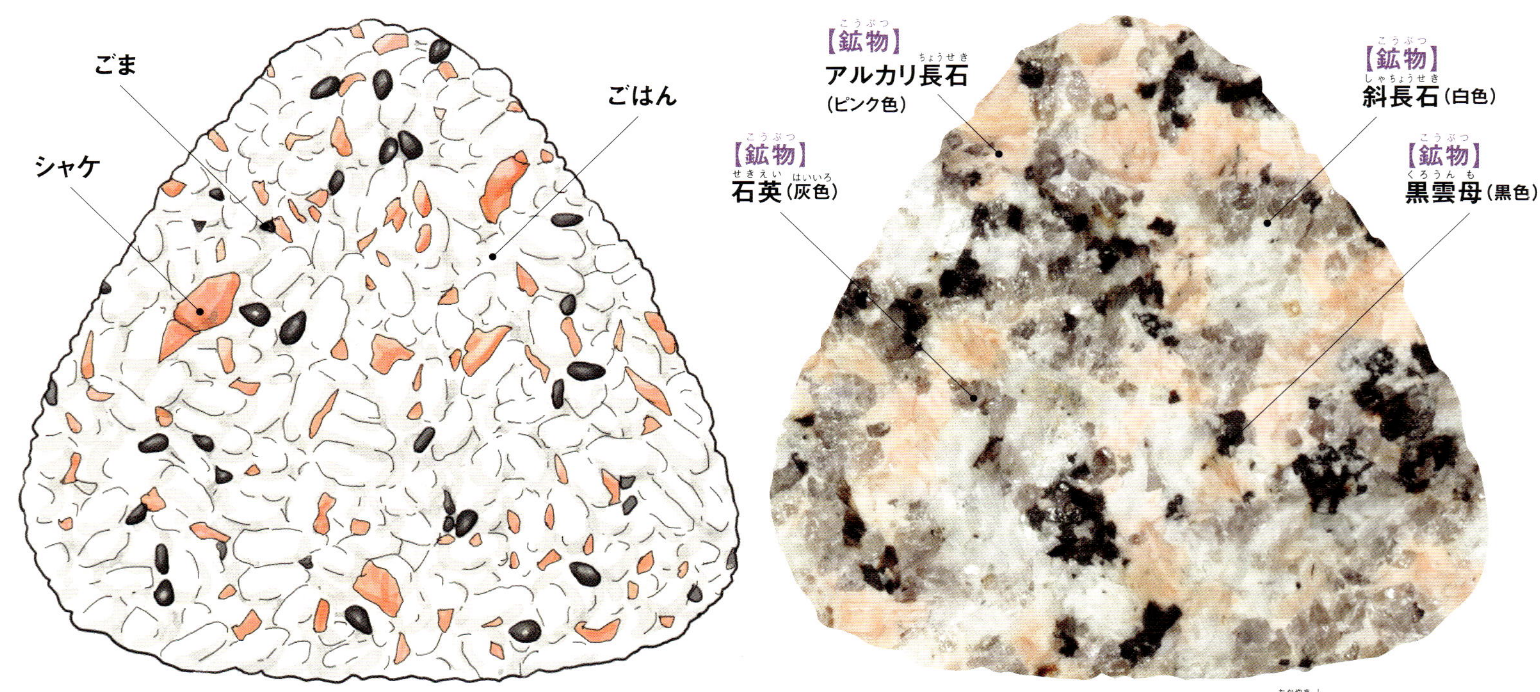


岡山県岡山市産　所蔵:国立科学博物館

### 鉱物が集まって岩石になる

「岩石」と「鉱物」は、何がちがうのでしょうか。ふだんはどちらも「石」とよぶことが多いですが、科学の世界では、いくつかの鉱物が集まってできた石を岩石といいます。ですから、どのような鉱物が、どれくらいの割合で入っているかによって種類がかわります。

おにぎりにたとえるとわかりやすいでしょう。ごはんつぶと塩だけなら「塩おにぎり」、ごまとシャケを加えたら「ごまシャケおにぎり」と具（粒）の種類と割合でよび方がかわりますね。

同じように、岩石も鉱物という粒の種類と割合によって、花崗岩とか閃緑岩とよび方がかわるのです。

だから、岩石を観察するときは、粒に注目しましょう。粒が見えなければ、目には見えないくらいとても小さな粒かもしれません。大きい粒と小さい粒がまざっているかもしれません。鉱物の粒の集まり具合によって、岩石全体のもようが生まれるのです。

## 岩石をつくる鉱物 5巻

鉱物は肉眼で見えない小さな原子がならんでできる自然の結晶。

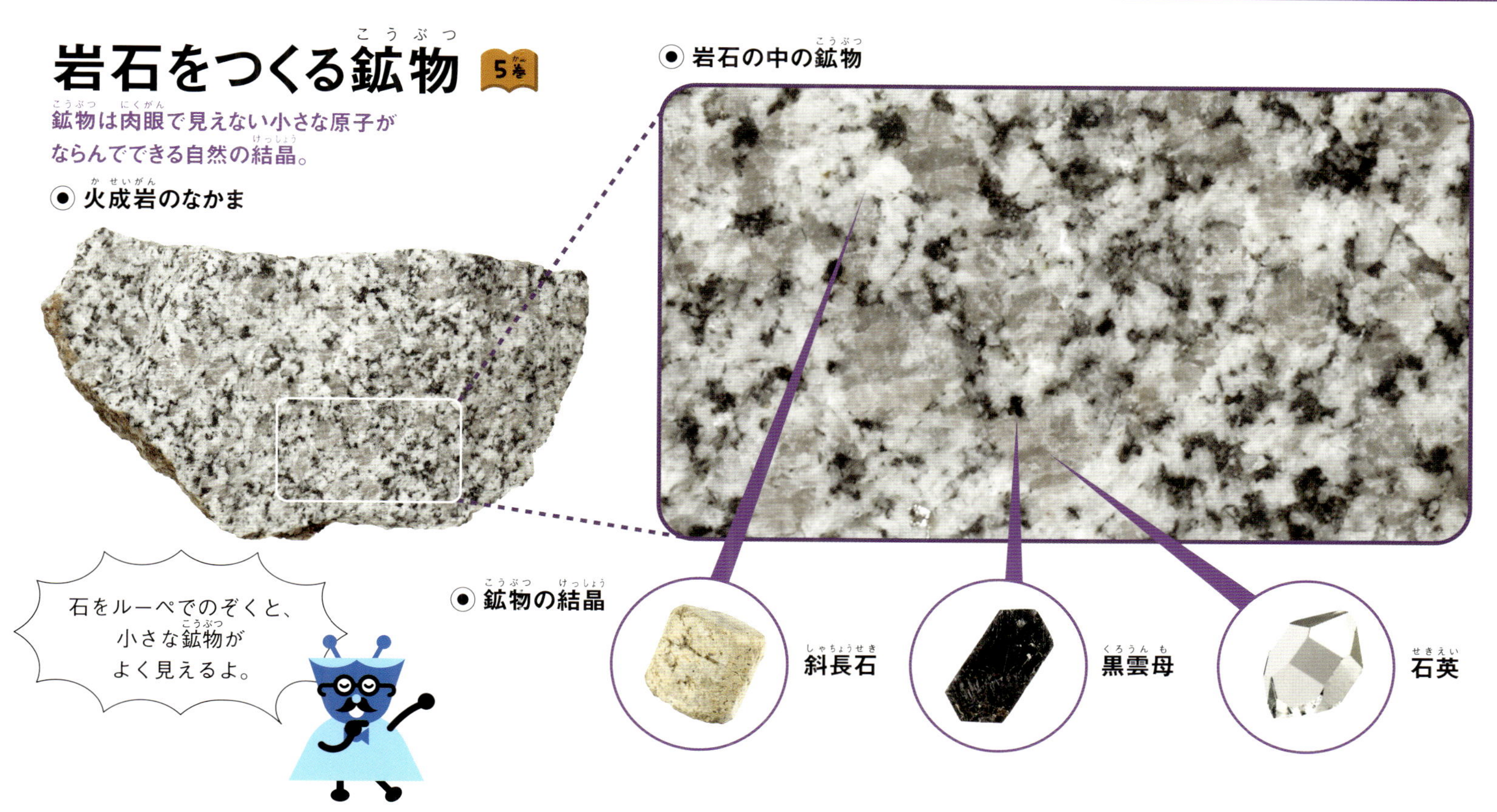


## 鉱物は自然がつくった結晶

濃い食塩水をつくって数日以上置いておくと角ばったたくさんの粒ができます。これが結晶です。この場合、人工的につくった結晶なので鉱物とはよべませんが、自然のなかでできた結晶なら鉱物です。

**食塩の結晶**
ビーカーの中に食塩水を入れて1週間以上常温で放置してできた食塩の結晶。

### 岩石や鉱物は原子の集まり

岩石は小さな鉱物の集まりで、鉱物はさらに小さな原子の集まりだ。岩石をつくる鉱物ひとつひとつはルーペや顕微鏡で観察できることが多いが、鉱物をつくる原子ひとつひとつはあまりに小さいので特殊な顕微鏡でしか見えない。原子は、さらに小さな陽子・中性子・電子などの粒からできており、私たち生物も原子からできている。

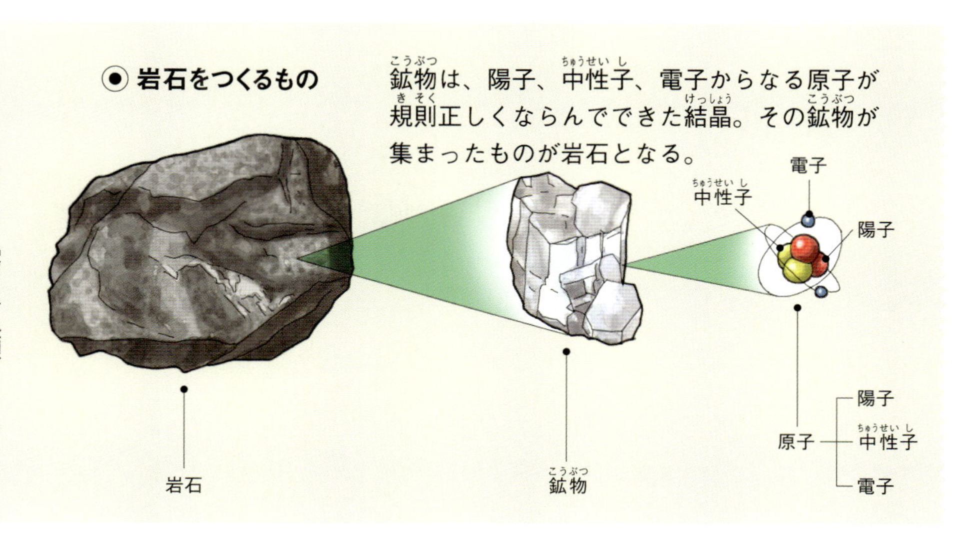

# 岩石にはどんな種類がある？

岩石の種類はたくさんあるが、大きくは3つのグループに分けられている。
岩石の中の粒（鉱物）の大きさや、もように注目すると見わけやすくなる。

## 岩石の3大グループ

岩石はでき方のちがいによって、
火成岩、堆積岩、変成岩に分けられる。

### 火成岩

地下のマグマが固まってできた岩石。

● 花崗岩(p.18)

地下深くで固まった岩石。鉱物の粒が粗いのがふつう。

岡山県岡山市産　所蔵:国立科学博物館

● 玄武岩(p.25)

富士山をつくっている黒色の岩石。鉱物の粒が細かいのがふつう。

山梨県鳴沢村産　所蔵:国立科学博物館

### 堆積岩

砂や泥などが積もって固まった岩石。

● チャート(p.33)

海底に降りつもった微生物の殻が固まってできた岩石。色はさまざまで、肉眼で鉱物の粒が見えない。

東京都奥多摩町産　所蔵:国立科学博物館

### 変成岩

熱と圧力で変化した岩石。

● 結晶片岩(p.40)

地下深くにおしこめられた岩石がすっかりすがたをかえたもの。細かい鉱物の粒が光っている。

群馬県藤岡市産　所蔵:国立科学博物館

● 岩石の分類表

| 3大グループ | サブグループ | | |
|---|---|---|---|
| 火成岩 | 深成岩 | 火山岩 | |
| 堆積岩 | 火山砕屑岩 | 砕屑岩 | 生物岩 |
| 変成岩 | 接触変成岩 | 広域変成岩 | 断層岩 |

● 下甑島の海辺の石

下甑島・片野浦（鹿児島県）の海辺で拾った石（p.6）の一部（ぬれた状態）。

## 石のもように注目

岩石はさまざまな色や形をしているので、岩石のもように注目して分類してみましょう。それは、鉱物の種類や割合、鉱物の大きさ、ならび方など（組織）を観察することになります。最初はむずかしいけれど、少しずつ、火成岩、堆積岩、変成岩のどれかがわかるようになってきます。どのグループの岩石かを知ることは、岩石のでき方を知るということなのです。

## 固まる、くだける、とける

岩石は、長い年月をかけて、そのすがたをかえていきます。

下図で、マグマをスタート地点としましょう。まず、マグマが固まって火成岩ができます。火成岩が風化してどこかに積もると、堆積物になります。堆積物が続成作用によって固まると堆積岩です。その堆積岩が変成作用によってすがたをかえたものが変成岩。その変成岩が融解すると、もとのマグマにもどります。このように、岩石はぐるぐるめぐっているのです。

**用語解説**

**続成作用と変成作用**

続成作用は、海底などに堆積した砂や泥、生き物の死がいなどの粒が固まって岩石になるはたらきのこと。変成作用は、地下深くの熱や圧力によって再結晶*1することで、鉱物の種類が変化してしまうはたらきのこと。

*1 もとの鉱物の結晶が、高い熱や高い圧力により別の鉱物の結晶に変化すること。

## すがたをかえる岩石

**岩石の3つのタイプはすがたをかえながら循環している。**

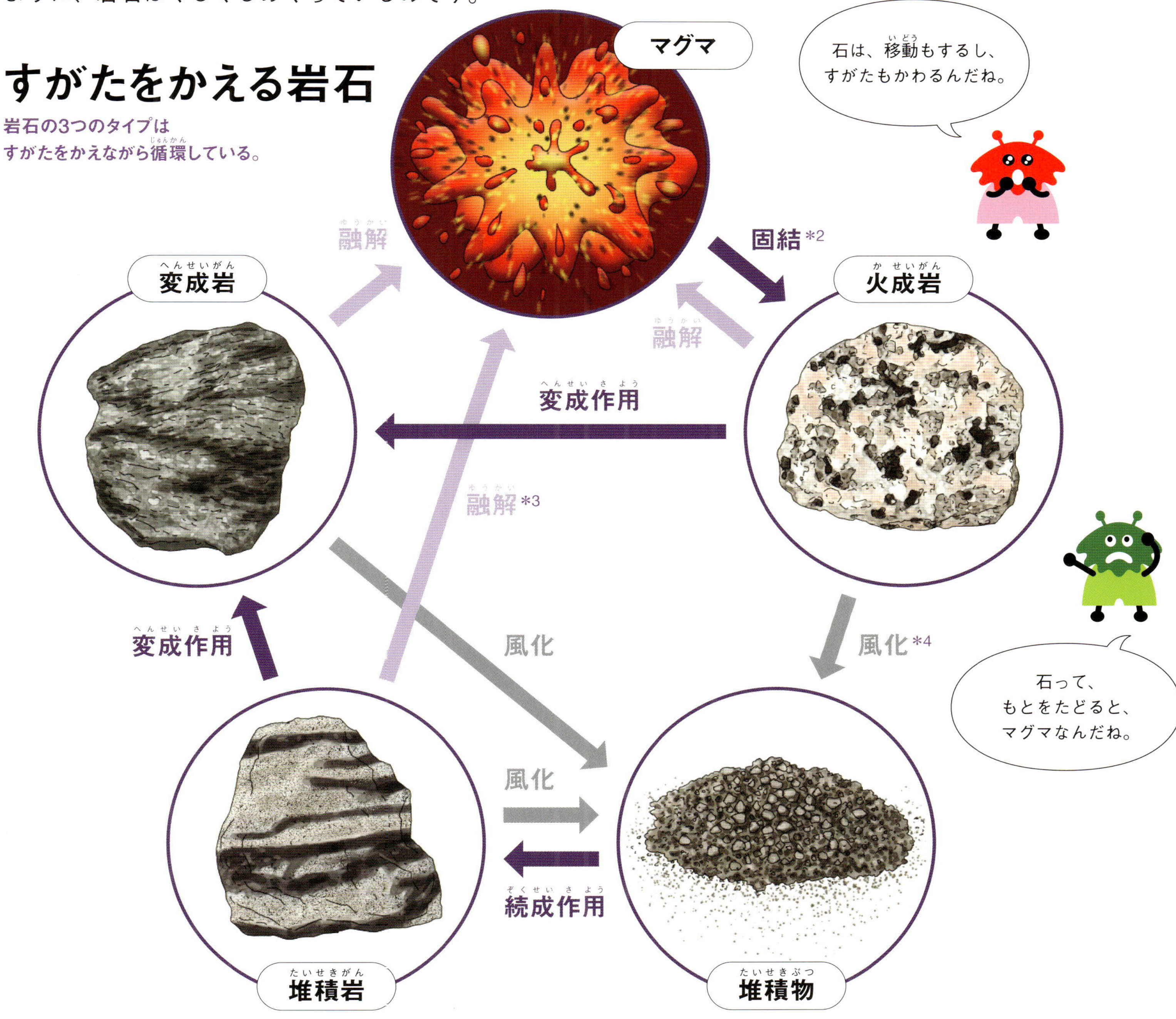


*2 マグマが冷えて固まること。
*3 岩石がとけてマグマになること。
*4 地表にある岩石が、雨や風にさらされてこわれていく現象。

# 岩石はどこでできるのだろう?

川原や海辺にある石はどこで生まれて、どこからやってきたのだろう。
私たちが見ることのできる岩石のほとんどは、地球の表面近くでできたものだ。

## もとをたどるとマグマ

私たちが出会う岩石は、火成岩、堆積岩、変成岩と循環しながらすがたをかえています(p.11)。そのスタートはマグマが固まってできる火成岩なので、ほとんどの岩石はもとをたどるとマグマにいきつきます。この岩石のうつりかわりは、地球のもっとも外側にある地殻と、その下にある上部マントルで起こっていて、地球の表面をおおうプレート*の動きが深くかかわっています。

プレートはジグソーパズルのように十数枚に分かれていて、ゆっくりと海洋プレートが大陸プレートの下に沈みこんでいたり、大陸プレートどうしがぶつかりあっていたりします。おかげで、岩石は、くだけたり、再結晶したりして、少しずつ変化していくのです。

*とてもかたい岩石の板で、地表でゆっくり動いている。

## 岩石が生まれる「地殻」

岩石ができる地球の表層にある「地殻」は、
地球をゆで卵にたとえると殻にあたる。

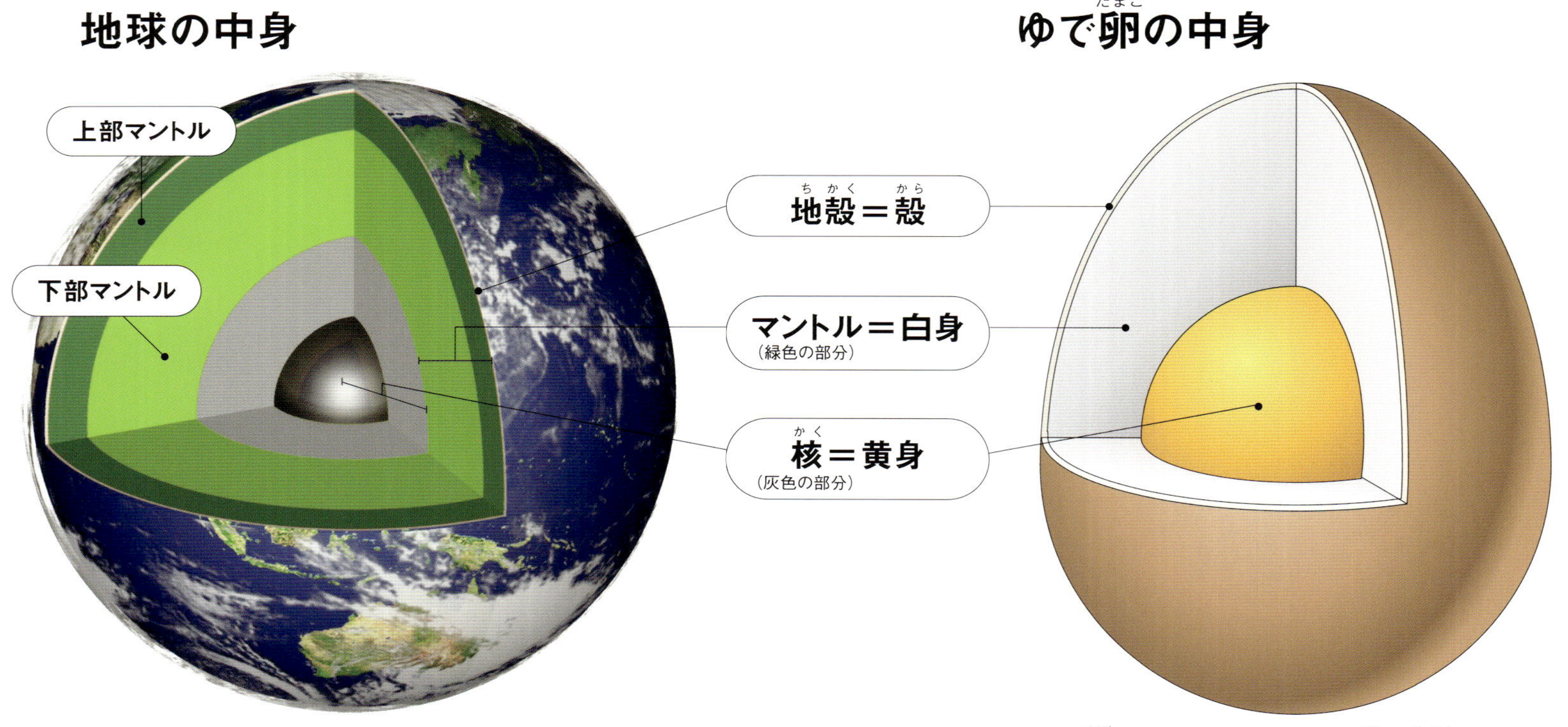


地球の半径は約6400km。岩石ができるのは、地表からの深さ6〜40kmほどの地殻と、その下にある深さ40〜660kmほどの上部マントル。

ゆで卵を地球にたとえると、殻は地殻、固まった白身はマントル、同じく固まった黄身が核にあたる。

# 日本列島の岩石のでき方

下図のとおり、私たちがくらす日本列島のあたりは、海洋プレートが大陸プレートの下に沈みこんでいるところです。このため、堆積物や岩石が、ぎゅうぎゅうおさえつけられたり（付加体）、地下深くにおしこまれたりすることが起こります。

この結果、地下にあった岩石が地表におしだされたり、高温高圧にさらされて変成岩ができたり、とけてマグマになって火成岩になったりしています。

用語解説

## 付加体

海底面をつくっている海洋プレートと、大陸をつくっている大陸プレートはそれぞれ動いている。日本列島の近くでは大陸プレートの下に海洋プレートが沈みこむため、海洋プレートの上に積もった堆積物がはぎとられ、大陸のふちにおしつけられて陸の堆積物とまざる。このおしつけられた堆積物を付加体という。

写真:竹下光士

3巻

**● 付加体の地層**

沖縄県名護市の海岸にある「名護市嘉陽層の褶曲*」。プレート運動により褶曲した砂岩泥岩互層からなる。約4000万年前の付加体だと考えられている。

*横方向の力によって地層が波のように曲げられること。

**● 日本列島で岩石が生まれるところ**

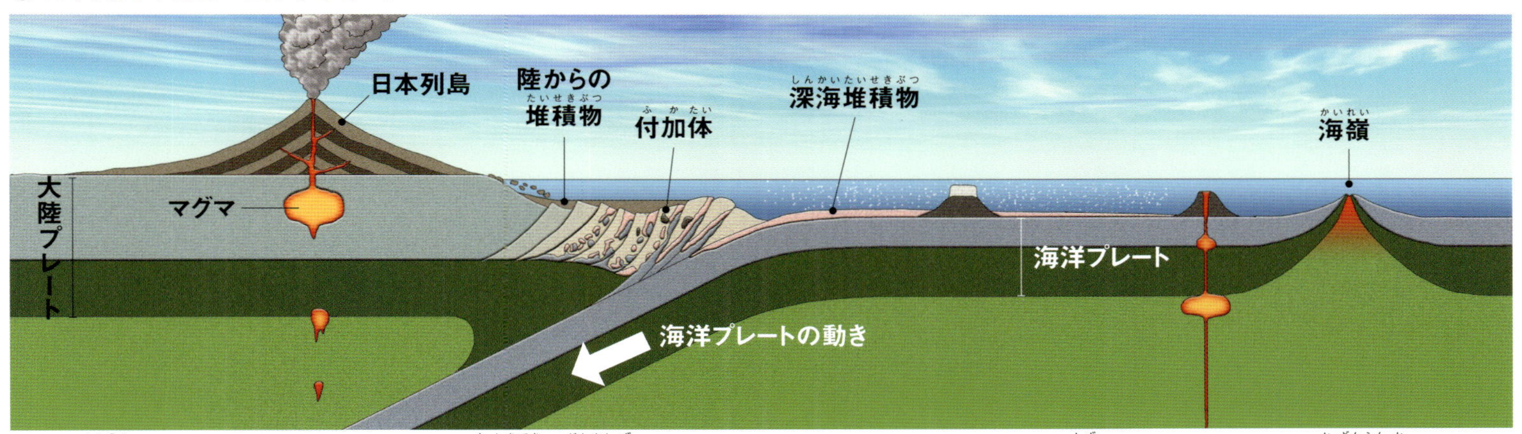


火山が噴煙を上げている日本列島と周辺の模式的な断面図。日本列島の地下には、海洋プレートが沈みこんでいるため、火山噴火が起こったり、付加体ができたりすることによって、さまざまな岩石ができる。

## なぜマントルは緑色なのか

5巻

地球をゆで卵にたとえると白身にあたるのがマントル。そのマントルのイラストの色が緑色になっているのには理由がある。私たちが出会う石に関係のある上部マントルは、かんらん岩（p.21）でできているが、そのかんらん岩をつくっている鉱物（粒）の大部分が緑色のかんらん石だからだ。

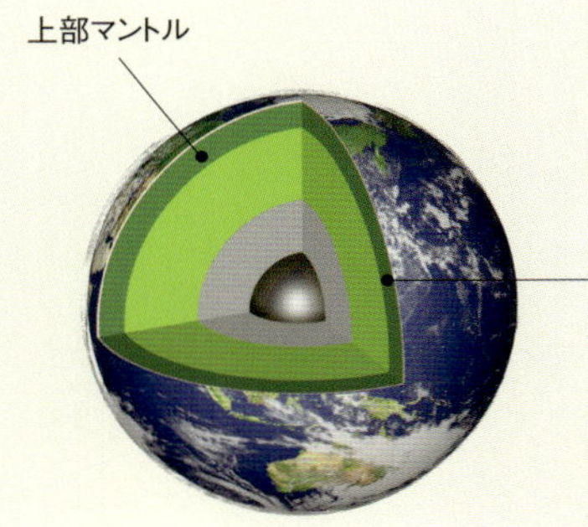


**● かんらん石（造岩鉱物）**

かんらん石の結晶は宝石の「ペリドット」として知られる。

写真:様似町アポイ岳ジオパーク推進協議会

# まちで出会えるすごい石

山や川、海のない都会のまちでも、岩石を観察することはできる。
建物に使われている石材は、岩石そのもの。建物の石材に注目してまち歩きをしてみよう。

くらし

## 銀座は石の博物館（東京都）

### ① ピンク色の花崗岩
（銀座・和光ビル）

AREA 銀座（東京都）

◉ 外壁の石材・万成石（岡山県産）

気にしないで通りすぎるとただの壁にすぎないが、立ちどまって近づいて見ると、ピンク色、黒色、白色の鉱物が見えてくるはずだ。万成石は岡山県岡山市産の石材として岡山県立美術館など多くの建物に使われている。

一部拡大

### ② こげ茶色の花崗岩
（カルティエ銀座本店ビル）

AREA 銀座（東京都）

◉ 外壁の石材・タンブラウン（インド産）

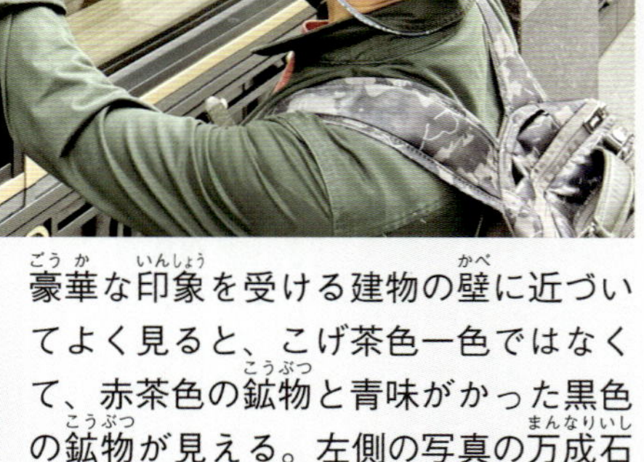

一部拡大

豪華な印象を受ける建物の壁に近づいてよく見ると、こげ茶色一色ではなくて、赤茶色の鉱物と青味がかった黒色の鉱物が見える。左側の写真の万成石（石材名）とは見た目がことなるが、科学的には同じ花崗岩（岩石名）だ。

インタビュー

◉ 監修者の西本昌司さん（岩石学者）

ビルの石材について語る西本さん。

**すごい石はまちのいたるところにある！**

友達と会う約束をして、早く待ちあわせの場所に着いてしまったとき、私は建物の石（石材）を見ています。みがいてあるので観察しやすく、どのような粒が集まっているかわかりやすいです。そして、なぜこの石が選ばれて、どこから運ばれてきたのか考えてみるのが楽しいんです。ぜひ、みなさんもまちで石の観察をしてみてください。

## 地下鉄駅構内に化石がざくざく（東京都） 6巻

### 3 化石をさがしやすい石灰岩（東京メトロ・三越前駅構内）

AREA 日本橋（東京都）

◉ アンモナイトの化石の縦断面

◉ ベレムナイトの化石

◉ 柱の石材・ジュライエロー（ドイツ産）

壁に近づくと化石が見える。石灰岩（p.31）は、あたたかい海で生きていたサンゴや貝などの生き物の死がいが降りつもってできた岩石なので、それらの化石をふくんでいる。写真の石材は、約1億5000万年前の地層から切りだされたもの。

◉ アンモナイトの化石の横断面

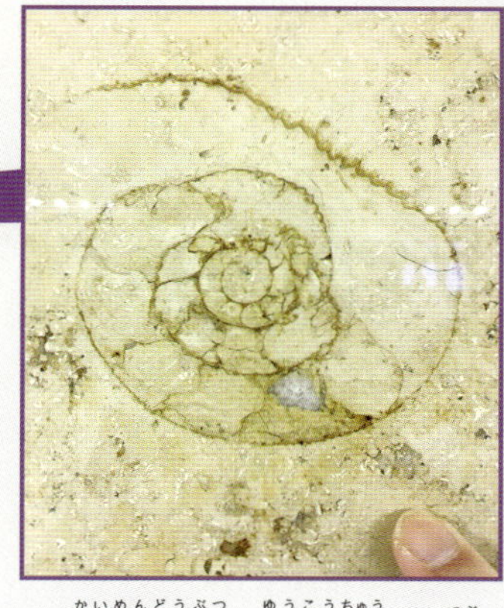

◉ 海綿動物と有孔虫（白い粒）

恐竜が生きていた時代の生き物の化石だね

## ビルの壁に輝く宝石？（東京都） 5巻

### 4 ざくろ石入りの片麻岩（コレド室町テラス）

◉ 柱の石材・サモア（ブラジル産）

AREA 日本橋（東京都）

宝石が壁の中に散らばっているの？

たんなるビルの柱に見えるかもしれないが、片麻岩（p.41）の石材の中に点々と見える赤色の大きな粒はざくろ石だ。大きくて美しい色の結晶はみがかれて宝石のガーネット（1月の誕生石）になる。

宝石になる結晶もあるかもしれないね！

# マグマが固まった火成岩

火成岩は、地下のマグマが冷えて固まってできた岩石だ。
どんな岩石があるのか、くわしく見ていこう。

大きな鉱物の粒が特徴

## 花崗岩の一種、ペグマタイト 5巻

火成岩 深成岩

ペグマタイトは、大きくて美しい鉱物の結晶が見つかることもある。

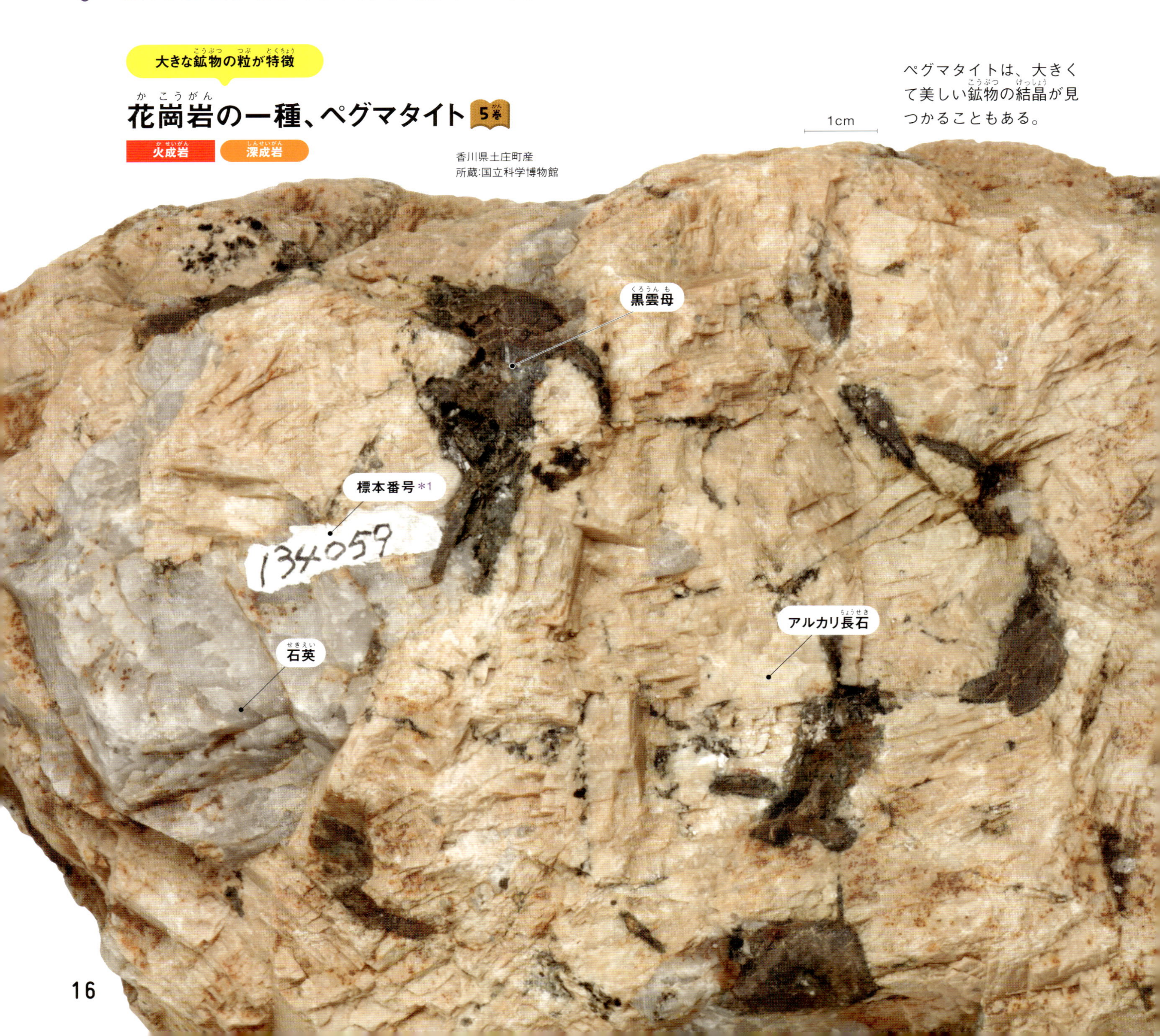


香川県土庄町産
所蔵:国立科学博物館

緑色のマントルの岩石

## 深成岩の一種、かんらん岩 5巻

火成岩　深成岩

緑色のかんらん石と深緑色の輝石が集まっている。

1cm

輝石

かんらん石

秋田県男鹿市産

透明感があり黒っぽいガラス質

## 火山岩の一種、黒曜岩

火成岩　火山岩

写真:西本昌司　長野県長和町産

長野県の星糞峠にある旧石器時代〜縄文時代の遺跡に散らばっていた黒曜岩のかけら。うすい小石はすきとおっている。

同じ火成岩でも見た目はいろいろ。岩石にふくまれている鉱物の粒の種類やサイズ、形がちがうんだよ。

## 火成岩の色と粒の大きさ

火成岩は、地下深くでできた深成岩と比較的浅いところでできた火山岩に分けられます。深成岩と火山岩を見わけるコツは、鉱物の粒の大きさと、全体的な色（白っぽいか黒っぽいか）です。粒が粗いとマグマがゆっくり固まった深成岩、粒が細かいとマグマが急冷した火山岩＊2と判断できます。さらに、白っぽい（有色鉱物が少ない）か黒っぽい（有色鉱物が多い）かによって、おおむね下図のように分類できます。

### 火成岩

| 粒が粗い | | | 粒が細かい | | |
|---|---|---|---|---|---|
| 深成岩 | | | 火山岩 | | |
| 花崗岩 | 閃緑岩 | 斑れい岩 | 流紋岩 | 安山岩 | 玄武岩 |
| 白 → 黒 | | | 白 → 黒 | | |
| 無色鉱物 多 → 有色鉱物 多 | | | 無色鉱物 多 → 有色鉱物 多 | | |

＊1 いつどこで採集した岩石かわかるようにつける番号のこと。
＊2 実際には火山岩に粗い粒がまざっていることも多い。

# 白っぽい深成岩のなかま

火成岩のなかでも地下深くでできた岩石のなかまを深成岩という。
白っぽく見えるのは、白っぽい鉱物を多くふくむからだ。

## おにぎりみたいな花崗岩

花崗岩は、ごま塩おにぎりのように見える岩石です。白っぽい鉱物は、石英とアルカリ長石、そして斜長石。黒っぽい鉱物は黒雲母です。石英は透明感があり、灰色～茶色っぽいことも多いです。アルカリ長石はピンク色のものもあり（p.8、p.16）、その割合が多いと、ごまシャケおにぎりのように見えます。

◉ 伊勢丹 新宿店 くらし

東京都の新宿三丁目にあるデパートの外壁には花崗岩が使われている。岡山県岡山市産で石材名は「万成石」。

まちのなかでも見つかる

### 花崗岩

火成岩　深成岩

鉱物の粒は肉眼で見わけられるほど粗く、ほぼ同じ大きさをしている。

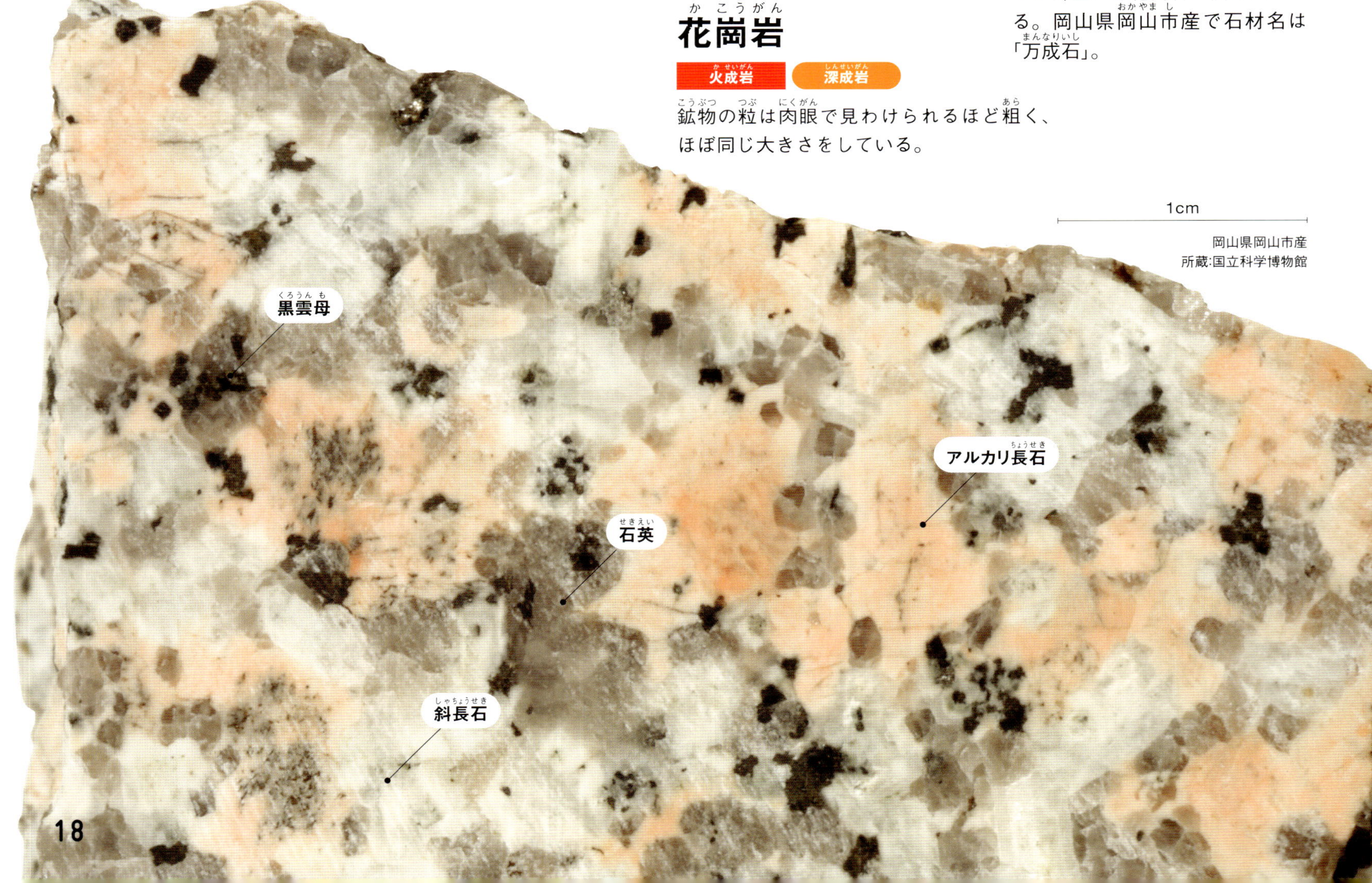


1cm

岡山県岡山市産
所蔵:国立科学博物館

愛媛県西尾市産
所蔵:国立科学博物館

美しい鉱物が入っていることもある

## ペグマタイト 5巻

火成岩　深成岩

鉱物の粒が大きい花崗岩のなかま。

## ダイナミックなペグマタイト

鉱物の粒がとても大きな花崗岩をペグマタイトとよびます。きれいな結晶面をもつ石英（水晶）の結晶や、電気石（トルマリン）、ざくろ石（ガーネット）、緑柱石（アクアマリン）のような美しい鉱物が見つかることもあります。花崗岩と見た目が大きくことなりますが、両者ができる場所は近いと考えられています。

肉眼鑑定

### 巻頭(p.6-7)の石の種類

#### 花崗岩のなかま

大粒の石英をふくむ岩石は、石英とアルカリ長石と斜長石がそれぞれふくまれている割合で分類されている。

1cm　1cm　1cm

◉ **花崗閃緑岩**(p.6)
下甑島・片野浦（鹿児島県）の海辺の石。

◉ **花崗岩**(p.7)
荒川・上流（埼玉県）の川原の石。

◉ **花崗閃緑岩**(p.6)
糸魚川海岸（新潟県）の石。

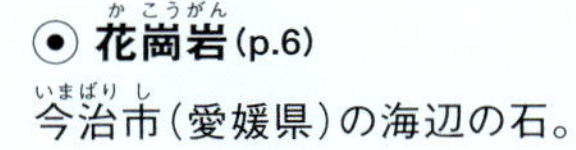

◉ **花崗岩**(p.6)
今治市（愛媛県）の海辺の石。

◉ **トーナル岩**(p.7)
久慈川・中流（岩手県）の川原の石。

ごまやワカメ入りおにぎりみたい？

## トーナル岩

火成岩　深成岩

白色・灰色・黒色の大きな鉱物の粒でできている。

神奈川県山北町産
所蔵:国立科学博物館

## 粒ぞろいのトーナル岩

白っぽい花崗岩とよく似ていますが、花崗岩よりも黒色の鉱物の粒が多めで、ごま塩というよりは、ワカメおにぎりのように見えます。ピンク色のアルカリ長石がとても少ないので、シャケおにぎりのように見えることはありません。

白色の粒は斜長石で、透明感のある灰色の粒は石英です。黒い粒は黒雲母か角閃石です。

# 黒っぽい深成岩のなかま

地下深くでできた深成岩には黒っぽいものもある。
黒っぽく見えるのは、黒っぽい鉱物がたくさん入っているからだ。

## 黒米おにぎりみたいな斑れい岩

下の写真は深成岩の一種、斑れい岩。花崗岩（p.18）とくらべると黒っぽい石であることに気がつくでしょう。斑れい岩は、私たちがくらす地球の表面の地殻（p.12）の深い場所でゆっくり固まってできた岩石です。花崗岩とくらべて、輝石や角閃石などの黒っぽい鉱物を多くふくむので、黒米おにぎりのような外見になっています。

黒米のような斑点がある

**斑れい岩**

火成岩　深成岩

斑れい岩の「れい（糲）」とは黒米のこと。白っぽい鉱物は斜長石のみ。

写真:西本昌司

◉ 東京都庁　くらし

都庁のまわりにある黒っぽいモニュメントには南アフリカ産の斑れい岩が使われている。石材名は「ラステンバーグ」。

高知県室戸市産
所蔵:国立科学博物館

1cm

AREA
北海道大学
(北海道)

◉ 北海道大学総合博物館

同館の館名をきざんだ館名碑は北海道様似町幌満産のかんらん岩。きれいにみがかれた面と、自然にできた割れ目を見くらべられる。

写真:西本昌司

用語解説

## 石材名と岩石名

まちのなかで目にする「大理石」や「御影石」。これらは石材名で、花崗岩や斑れい岩という岩石名とはことなる使い方をされている。たとえば、片麻岩(p.41)も、石材としては「御影石」にふくめられている。石材名のほうが歴史が古く、岩石名は科学が発展してからつけられた名前なので、石材名のほうが親しまれていることも多い。

## とろろ昆布おにぎりみたいなかんらん岩

緑色のかんらん石をはじめ、深緑色の輝石などが集まった、とろろ昆布おにぎりのようです。この標本では、かんらん石の粒は細かくて肉眼では見えません。全体的に緑っぽく見えますが、風化(p.11)すると褐色になります。

地下深くにあるマントル(p.12)の岩石なので、地表にあらわれているのはめずらしいといえるでしょう。日本列島では、北海道様似町のアポイ岳がかんらん岩の産地として有名です。

かんらん石と輝石の集まり

# かんらん岩

火成岩 深成岩

地球内部のマントルがどのような世界なのかを知るための貴重な手がかり。

北海道様似町産

コラム

### 火成岩の粒の大きさのちがい

マグマがゆっくり冷えて固まると、鉱物の粒は大きくなりやすい。逆に、マグマが急に冷えて固まると鉱物の粒は小さくなりやすい。このため、地下深くで固まった深成岩は粒が粗く、地表近くで固まった火山岩は粒が細かいことが多い。地下深くで冷えかけていたマグマが、地表近くに上がって急冷されると、細かい粒と粗い粒がまじった「斑状組織」になる。

◉ 深成岩と火山岩のできかた

熱いマグマ

地下の深いところでできたマグマは、とても熱くてドロドロの状態。

マグマの中の鉱物の結晶

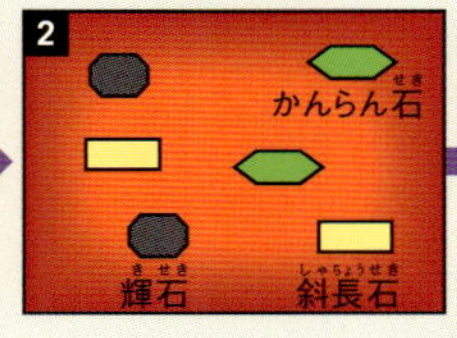


マグマが冷えはじめると、鉱物の粒ができてくる。最初は粒のサイズが小さい。

深成岩

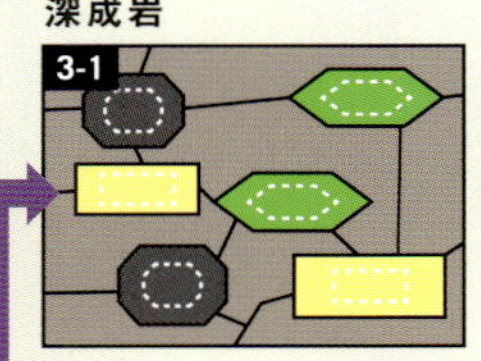


粒は大きくなり、サイズのそろった「等粒状組織」になることが多い。

火山岩

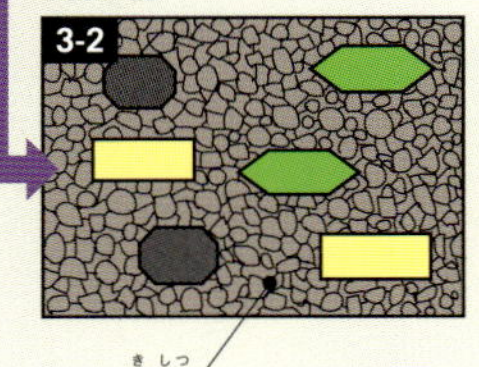


肉眼では見えないほど小さな粒でできた基質に、大きな粒が散らばった「斑状組織」になることが多い。

# いろいろな見た目の火山岩

マグマが地表の近くで固まってできる火山岩。そのひとつに流紋岩がある。
同じ成分なのに、固まり方のちがいで見た目はさまざまだ。

## 細かい粒の流紋岩

流紋岩は、花崗岩（p.18）と成分はかわりませんが、見た目はかなりちがいます。花崗岩は鉱物の粒が大きいのに対して、流紋岩は粒が小さく、肉眼で粒が見えないくらいのこともあります。また、粒がガラス質のこともあります。これは、マグマが地表で急冷されただけでなく、マグマの粘り気が強くて結晶ができにくいためと考えられています。

写真:西本昌司

**安土城の石垣**
城の石垣に使われている石材は「湖東流紋岩類」のひとつで火砕流堆積物の流紋岩質溶結凝灰岩。

白っぽい鉱物の粒が散らばっている

### 流紋岩

火成岩　火山岩

鉄分をふくみ、やや褐色になっている。

静岡県下田市産
所蔵:国立科学博物館

5mm

透明感があり黒っぽいガラスのよう

## 黒曜岩（黒曜石）

火成岩　火山岩

割れ口は平らではなく、でこぼこの「貝殻状断口」になることが多い。

長野県和田村産
所蔵:国立科学博物館

## ガラス質の流紋岩　歴史

流紋岩の一種である黒曜岩は、旧石器時代から縄文時代にかけて、矢じりなどの石器に利用されていました。

流紋岩質のマグマが固まってできた岩石ですが、鉱物の結晶がほとんどできない、いわば“天然ガラス”なので、割れるとするどい破片ができやすいのです。

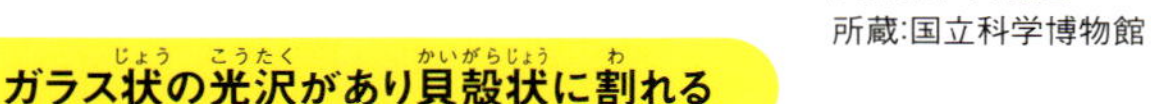


◉ **貝殻状断口**

岩石の割れ口が同心円のでこぼこになるものを「貝殻状断口」とよぶ。

長野県和田村産

## パンのような軽い流紋岩

流紋岩は、粘り気の強いマグマからうまれます。このようなマグマはふくまれるガスがぬけづらく、マグマにふくまれていた水分が水蒸気となって飛びちりながら固まり、まるでパンのようにふくらんだ軽石*になります。しかし、ルーペで見てみると、大部分はガラスでできていることがわかります。

*中に小さなあながたくさんあり、軽くて水にうく岩石。

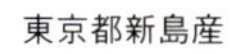

東京都新島産

1cm

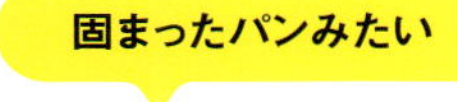


## 流紋岩（軽石）

火成岩　火山岩

石材として使われ「抗火石」とよばれる。

肉眼鑑定

## 巻頭(p.6-7)の石の種類

### 流紋岩のなかま

黒曜岩はキラリと光る断面に特徴がある。2021年に沖縄や奄美大島の海岸に大量に打ちよせた軽石は、海底火山が大爆発したことによるもので、チョコチップクッキーのよう。また、糸魚川の流紋岩に見えるしまもようは、鉄さびがしみこんだもの。

1cm

◉ **黒曜岩**(p.7)
遠軽町（北海道）の道ばたの石。

1cm

◉ **軽石**(p.6)
沖縄本島・大浦湾（沖縄県）の海上の石。

1cm

◉ **流紋岩**(p.7)
サロマ湖（北海道）の砂州の石。

1cm

◉ **流紋岩**(p.6)
糸魚川海岸（新潟県）の石。

1cm

◉ **軽石**(p.6)
奄美大島・小湊海岸（鹿児島県）の石。

1cm

◉ **流紋岩**(p.7)
大洗海岸（茨城県）の石。

# 白い粒と黒い粒が見える火山岩

マグマが地表近くで固まってできる火山岩は、日本列島では出会いやすい岩石だ。
とくに、デイサイト、安山岩、玄武岩は、自然のなかでもまちのなかでもよく見られる。

## いちばんメジャーな安山岩

私たちがくらす日本列島にある活火山でいちばん多く見られる火山岩の種類は安山岩です。見た目は粒あんのおはぎのように、細かい鉱物の粒の中に大きな粒がまざっています。遠目には赤褐色や青みがかった灰色など同じ岩石とは思えないほどいろいろな色味がありますが、目で見える大きな粒は、白い斜長石と黒い輝石あるいは角閃石であることが多いです。

写真:西本昌司

● 諏訪鉄平石　くらし
板状に割れやすい安山岩が敷石に使われている。

粒あんおはぎみたい！

### 安山岩

火成岩　火山岩

細かい基質（石基）に白っぽい鉱物と黒っぽい鉱物が入っている。

5mm

長野県諏訪市産
所蔵:国立科学博物館

斜長石

輝石

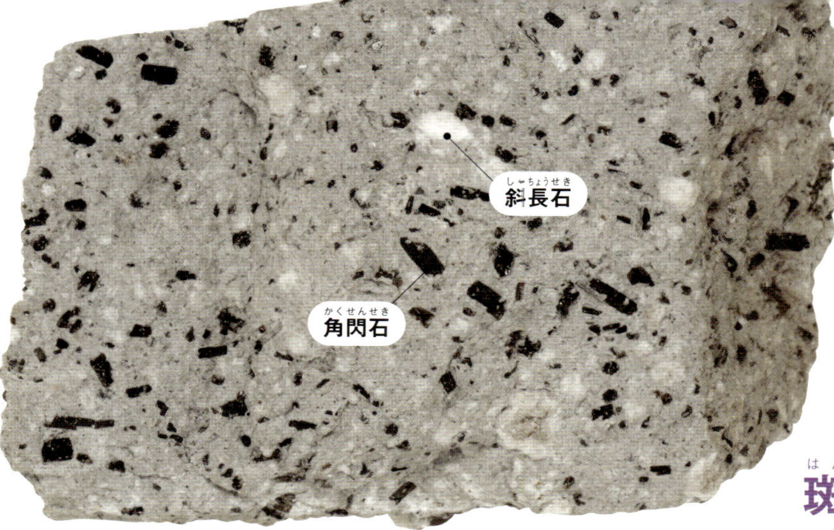


静岡県大仁田町産
所蔵:国立科学博物館

1cm

安山岩にそっくり!

## デイサイト

火成岩　火山岩

安山岩と同じように基質（石基）に白色と黒色の鉱物が入っている。

### 斑状組織が見えやすい

デイサイトは、安山岩にそっくりで、肉眼ではなかなか見わけられません。目で見える大きな粒は、白い斜長石と黒い角閃石あるいは黒雲母であることが多いです。雲仙岳・平成新山（長崎県）など、こんもりとした形の火山はデイサイト質の溶岩が固まったものです。デイサイトや流紋岩（p.22）の溶岩は、粘り気が強いので流れにくいのです。

山梨県鳴沢村産
所蔵:国立科学博物館

1cm

黒っぽい岩石

## 玄武岩

火成岩　火山岩

地球上の約7割を占める海洋底は、海嶺（p.13）で噴出した玄武岩。石垣などの石材としても使われている。

### 富士山をつくる玄武岩

玄武岩は、遠目には黒っぽくて、粒が細かいのがふつうです。大きな粒が入っていると安山岩のように見えますが、とても細かい粒だけだと泥岩（p.31）のように見えるかもしれません。

日本一高い山、富士山のすがたを思いうかべると、山の色が黒っぽいことを思いだすでしょう。そう、富士山は玄武岩の火山なのです。ほかにも伊豆大島の三原山も玄武岩からできています。

### 巻頭(p.6-7)の石の種類

#### 火山岩のなかま

安山岩、デイサイト、玄武岩の3種類を肉眼で見わけるのはむずかしい。黒雲母が入っていればデイサイト、輝石が入っていれば安山岩、かんらん石が入っていれば玄武岩である可能性は高いが、一概にはいえない。

1cm

◉ デイサイト(p.6)
大山町（鳥取県）の川原の石。

1cm

◉ 安山岩(p.6)
北上川・中流（岩手県）の川原の石。

1cm

◉ 安山岩(p.6)
下甑島・片野浦（鹿児島県）の海辺の石。

1cm

◉ 安山岩(p.6)
糸魚川海岸（新潟県）の石。

1cm

◉ 玄武岩(p.7)
大洗海岸（茨城県）の石。

1cm

◉ 玄武岩(p.6)
下甑島・片野浦（鹿児島県）の海辺の石。

# 積もって固まった堆積岩

砂や泥、火山灰、小さな生き物の殻などが積もったり、沈殿したりしてできたのが堆積岩。
堆積岩にはどんな種類があるのか、これからくわしく見ていこう。

日本各地で見られる

## 火山砕屑岩の一種、凝灰質砂岩 2巻

堆積岩 火山砕屑岩

火山灰をふくみ、ふつうの砂岩より石英が少ない。

1cm

長崎県佐々町産
所蔵:国立科学博物館

はがれやすく1枚ずつ割れる

## 砕屑岩の一種、頁岩

堆積岩　砕屑岩

泥岩が強い圧力を受けて、うすくはがれやすくなったものを頁岩とよぶ。

堆積岩は、地層をつくる岩石なんだ。中から化石が見つかることもあるよ。

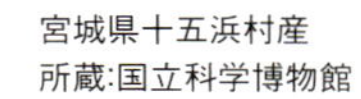
宮城県十五浜村産
所蔵:国立科学博物館

石の中に化石があるかも?

## 生物岩の一種、石灰岩

堆積岩　生物岩

サンゴ礁にすんでいた生き物の死がいが固まった岩石。

1cm

岐阜県大垣市産
所蔵:国立科学博物館

## 堆積岩のおもなグループ

砂や泥などの堆積物が固まってできた堆積岩は、集まっている粒が何に由来しているかによって分類されます。火山灰などの火山噴出物なら「火山砕屑岩」、岩がくだけてできた砂など（砕屑物）なら「砕屑岩」、生き物の骨や殻などなら「生物岩」といいます。

**火山砕屑岩**

火山が噴火したときに出てくるもの（火山噴出物）がおし固められてできた堆積岩。

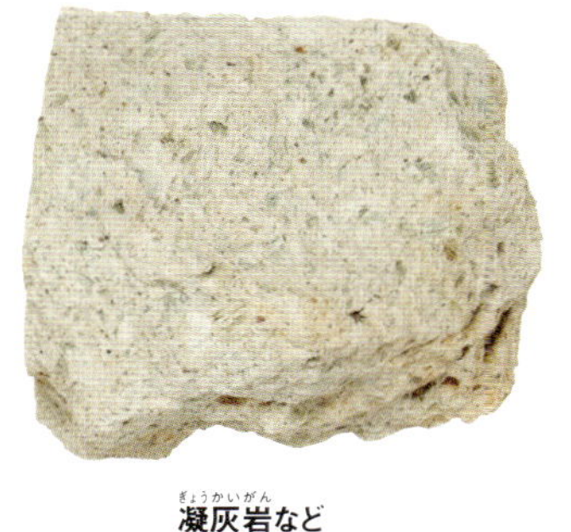
凝灰岩など

**砕屑岩**

岩石がくだけた粒（砕屑物）がおし固められてできた堆積岩。

砂岩など

**生物岩**

生き物の死がいがおし固められてできた堆積岩。

チャートなど

# 火山由来の火山砕屑岩

火山灰などの火山噴出物が降りつもって固まった堆積岩を火山砕屑岩という。
どんな火山噴出物がどのようにして積もったかによって、さまざま種類の岩石ができる。

AREA
男鹿半島
（秋田県）

●館山崎
男鹿半島の館山崎にある緑色凝灰岩の露頭。左下に見える大人とくらべると崖の高さが想像できるだろうか。

写真（2点とも）：西本昌司

## 緑っぽい凝灰岩

火山が噴火したときに噴出する火山灰や、火山灰より少し大きな火山れきのような噴出物が降りつもって固まったものが、火山砕屑岩の一種である凝灰岩です。海底でできた凝灰岩は変質して緑色っぽくなっていることが多く緑色凝灰岩（グリーンタフ）とよばれることがあります。しかし、地表では酸化して茶色っぽくなっていることも多いです。

●緑色凝灰岩（グリーンタフ）

秋田県男鹿市にある館山崎の露頭で見られる緑色凝灰岩。この場所で使われていたよび名「グリーンタフ」が全国に広がった。

1cm

火山れきを多くふくんでいる

# 火山れき凝灰岩

堆積岩　火山砕屑岩

切りだしやすい石材として広く利用されてきた。

栃木県宇都宮市産
所蔵:国立科学博物館

## よく見られる火山れき凝灰岩

火山れき（粒径2-64mm）をふくむ凝灰岩を「火山れき凝灰岩」とよびます。石材として知られる「大谷石」は火山れき凝灰岩ですが、火山れきが軽石なので、「軽石凝灰岩」とよばれることもあります。

AREA
宇都宮市（栃木県）

◉ 大谷石地下採掘場跡

1919年から1986年まで大谷石がここで採掘された。現在は採掘場跡として展示されているほか、コンサートや美術展示などのイベントスペースとしても利用されている。

写真:大谷資料館

肉眼鑑定

## 巻頭(p.6-7)の石の種類

### 凝灰岩のなかま

火山噴出物が熱いうちに積もると、火山灰などの粒がおたがいにとけてくっつきあって固まる。こうしてできた凝灰岩を「溶結凝灰岩」という。軽石や黒曜岩がおしつぶされてレンズ状になっているのが特徴。大規模で爆発的な火山噴火で起こる火砕流が積もってできた岩石である。

右上のカメラのレンズキャップは直径約5cm。 写真:西本昌司

1cm

◉ 緑色凝灰岩(p.7)
男鹿半島・館山崎（秋田県）の海辺の石。

1cm

◉ 溶結凝灰岩(p.7)
サロマ湖（北海道）の砂州の石。

## 日本海側に多い緑色凝灰岩 1巻

緑色凝灰岩（グリーンタフ）は日本海側に多く見られる。これは日本列島の成り立ちに深くかかわっている。もともと大陸の一部だった日本列島が大陸からはなれて日本海ができたときに、少しずつ広がった海底でたくさんの火山が噴火した。日本海側の緑色凝灰岩は、そのときの火山噴出物が海底に降りつもって固まってできたものなのだ。

◉ 日本の緑色凝灰岩(グリーンタフ)の分布

出典:『図説地学』(数研出版2018)をもとに作成

# くだけた岩石由来の砕屑岩

岩石がくだけてできた大小の粒が、風や水で運ばれ集まり固まった堆積岩を砕屑岩という。固まっているのが、小石（れき）、砂、泥のうちのどれなのかによって分類される。

## ヌガーのようなれき岩

岩石がくだけてできた粒（砕屑物）のうち直径2mm以上のものを「れき」といいます。れき岩は、れきが固まってできた岩石です。

フランスの伝統菓子「ヌガー」を食べたことはあるでしょうか。アーモンドやドライフルーツを、砂糖、水あめ、はちみつなどで固めたものです。見た目はれき岩そっくりで、ヌガーをれき岩にたとえるなら、アーモンドなどがれきにあたります。

◉ ヌガー

アーモンドやヘーゼルナッツが入った砂糖菓子。国や地方によってさまざまなヌガーがつくられている。

さまざまなれきをふくむ

**れき岩**

堆積岩　砕屑岩

れきの種類によって見た目はさまざま。日本各地で見ることができる。

神奈川県南足柄町産
所蔵:国立科学博物館

## 砂が積もってできた砂岩

砂は、川原や海岸などで見ることがあるでしょう。科学的には、岩石がくだけてできた粒（砕屑物）のうち、粒径（大きさ）が1/16～2mmのものが「砂」と定められています。そして、砂が固まった岩石が砂岩です。だから、砂岩は川や海でできた岩石なのです。

◉ 慶應義塾大学三田キャンパス

AREA 慶應義塾大学（東京都）

同キャンパスの建物の外壁には砂岩の石材「多胡石」が使われている。

写真:西本昌司

1cm

神奈川県南足柄町産
所蔵:国立科学博物館

粒がそろっていてざらざらする

**砂岩**

堆積岩　砕屑岩

虫めがねで見ると、砂粒が見えることもある。

## 泥岩と頁岩

泥岩は泥が降りつもって固まった岩石です。砂よりさらに小さいものが泥*1で、肉眼では泥の粒はほとんど見えません。この泥岩が地下にうもれて、ぎゅっ～！とおしつぶされつづけると、はがれやすい岩石ができることがあります。これが「頁岩」です。「頁」は「ページ」とも読み、本のページ（頁）がめくれているような見た目の岩石なので頁岩という名前がつきました。

*1 粒径が0.074mmより小さいものと定められている。

茨城県大子町産
所蔵:国立科学博物館

1cm

高い圧力！

宮城県十五浜村産
所蔵:国立科学博物館

1cm

化石をふくんでいることもある

**泥岩**

堆積岩　砕屑岩

黒っぽいことが多いが、風化（p.11）で白っぽくなっていることもある。

紙が重なっているような割れ目

**頁岩**

堆積岩　砕屑岩

黒色～灰色のものが多いが、赤色や褐色をおびることもある。

肉眼鑑定

### 巻頭（p.6-7）の石の種類

**砂岩と頁岩のなかま**

砕屑岩をつくる、れき、砂、泥は粒の大きさによって分けられる。れきは2mm以上ある大きい粒。砂は2mmより小さく肉眼で見えるくらいの粒。泥は肉眼では見えないくらい小さな粒。

1cm

◉ **砂岩**（p.6）
下甑島・片野浦（鹿児島県）の海辺の石。

1cm

◉ **砂岩**（p.6）
下甑島・片野浦（鹿児島県）の海辺の石。

1cm

◉ **砂岩**（p.6）
下甑島・片野浦（鹿児島県）の海辺の石。

1cm

◉ **砂岩**（p.6）
糸魚川海岸（新潟県）の石。

1cm

◉ **砂岩**（p.7）*2
サロマ湖（北海道）の砂州の石。

1cm

◉ **頁岩**（p.7）
サロマ湖（北海道）の砂州の石。

*2 白い部分はめのうという鉱物。穴の中に水晶が見える。

# 生き物からできた生物岩

生き物の死がいが降りつもって固まってできた堆積岩を生物岩という。
石灰質の骨格をもったサンゴや、ガラス質の殻をもつ放散虫などの化石がふくまれている。

## 南の海からやってきた石灰岩

日本列島で見られる石灰岩は、ほとんどがサンゴからできた堆積岩です。周辺の海にサンゴが多く生息する沖縄県には比較的新しい石灰岩があります（下の写真）。北海道や東北など、今サンゴ礁がない地域にも石灰岩があります。これは、かつて南の海でできたサンゴ礁が、海洋プレートにのって移動してきたからです。その証拠に、石灰岩にはサンゴや、サンゴ礁でくらした生き物たちの化石がよく見つかります。

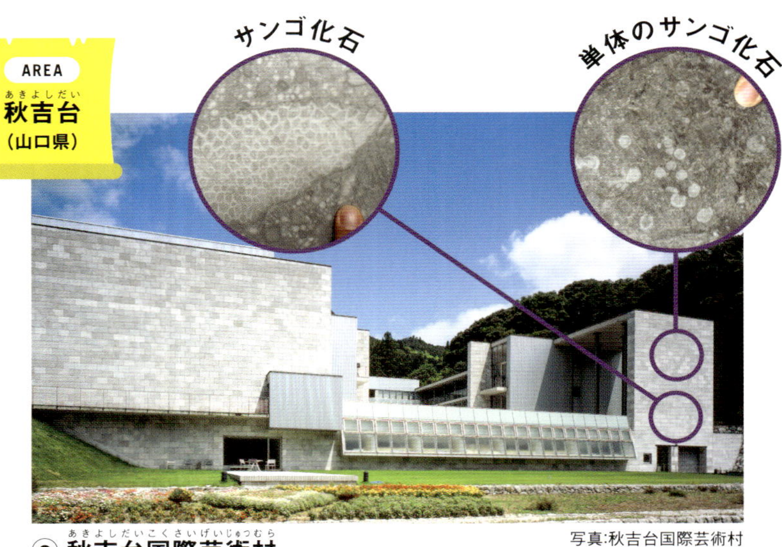


◉ 秋吉台国際芸術村

写真:秋吉台国際芸術村

建物には石灰岩の石材「霞」がたくさん使われている。石材の表面では、サンゴをはじめ、古生代の生き物の化石を観察できる。

サンゴでできた堆積岩

### 石灰岩 6巻

堆積岩　生物岩

サンゴの化石を多くふくむ石灰岩。沖縄県で産出されるものは、「琉球石灰岩」といわれる。

沖縄県うるま市
所蔵:国立科学博物館

**● 石灰岩の崖、万座毛**

沖縄県恩納村にある、東シナ海につきだした万座毛という岬は、サンゴ礁が隆起してできた琉球石灰岩からなる高さ20mの崖。

写真:竹下光士



わずかな不純物により色はさまざま

## チャート

堆積岩　生物岩

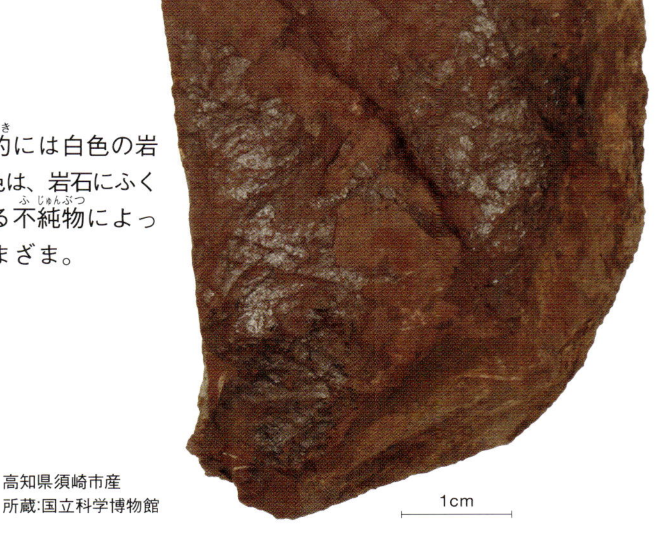

基本的には白色の岩石。色は、岩石にふくまれる不純物によってさまざま。

高知県須崎市産
所蔵:国立科学博物館

1cm

## 微生物の殻からできたチャート

チャートの表面を肉眼で見ても、化石のようなものは見当たりません。しかし、電子顕微鏡で見ると、海にうかぶ小さなプランクトン「放散虫」のガラス質の殻の化石が見つかります。つまり、チャートは放散虫の死がい（下の写真）が海底に降りつもり固まったものです。海底でできた岩石が付加体（p.13）となり、日本列島の陸上で見ることができるのです

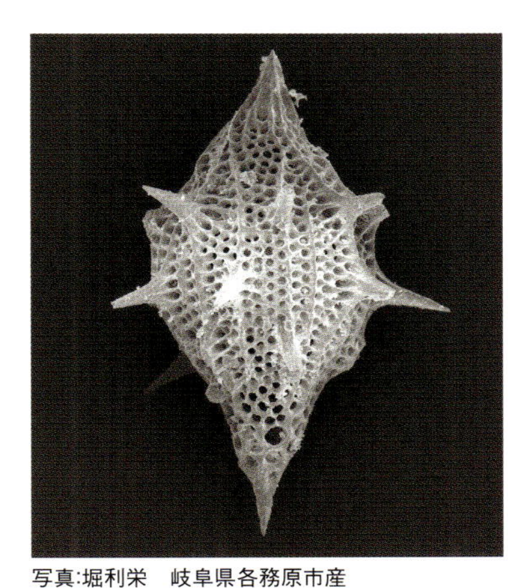

写真:堀利栄　岐阜県各務原市産

**● 放散虫化石** 

チャートにふくまれていた放散虫の一種の化石。

### 巻頭(p.6-7)の石の種類

**ぜんぶチャート!**

やや透明感があるチャートはきれいでつい拾いたくなる石。赤っぽいものから、緑っぽいものまでいろいろある。チャートかどうかを調べるには、鉄くぎの先などで傷がつくかどうかを見るとよい。チャートはかたいので、傷がつかない。

1cm

**● チャート**(p.7)
サロマ湖（北海道）の砂州の石。

1cm

**● チャート**(p.7)
大洗海岸（茨城県）の石。

1cm

**● チャート**(p.7)
荒川・上流（埼玉県）の川原の石。

1cm

**● チャート**(p.6)
北上川・中流（岩手県）の川原の石。

1cm

**● チャート**(p.6)
北上川・中流（岩手県）の川原の石。

1cm

**● チャート**(p.7)
久慈川・中流（岩手県）の川原の石。

# 丸い岩石「コンクリーション」

海岸にならんでいたり、地層からぽこっと顔を出していたりする丸い岩。
堆積岩の中から出てくる「コンクリーション」という岩石はどうしてできたのだろうか。

AREA
**男鹿半島**
（秋田県）

写真:西本昌司

**◉ 割れたコンクリーション**
割れたコンクリーションの中に、クジラの骨の化石を発見！

**◉ 球状コンクリーション群**
秋田県男鹿市の鵜ノ崎海岸には、約1500万年前の地層中に大きなコンクリーションが100個以上あり、大きなものは直径約9mにもなる。
写真:竹下光士

● **コンクリーションを割って出てきたアンモナイト化石**

化石コレクターのあいだでは「ノジュール」とよばれるコンクリーション。

写真:村宮悠介　ネパール産

コンクリーションも堆積岩なのかな？

堆積岩そのものではなくて、堆積岩の中にできた、丸くてかたいかたまりのことだよ。

● **地層から出てきた球状コンクリーション**

北海道当別町
写真:村宮悠介

かたいので、風化や侵食が進みにくい。

## 生き物がつくった天然のコンクリート

　コンクリーションは大きなれきではなく、泥の粒のすき間に方解石という鉱物ができることで固まった岩石です。砂や小石をセメントで人工的に固めたものがコンクリートですから、「天然のコンクリート」といってもよいでしょう。

　生き物が死ぬと、やわらかい部分が腐っていきますが、そのときに出てくる二酸化炭素と、海中のカルシウムが結びついて、方解石が沈殿することで固まったと考えられます。このため、生き物の死がいを中心に広がっていくように球状に大きくなっていくのです。

　近年の研究で、直径数cmから数十cmのものは、数週間から数年ほどでできることがわかりました。

● **鵜戸神宮のコンクリーション**

写真:竹下光士

宮崎県日南市にある鵜戸神宮で見られるキノコのように見える奇岩。これもコンクリーションだ。

# 熱と圧力で変化した変成岩

岩石が熱や圧力によってとけることなく、ふくまれる鉱物が変化した岩石が変成岩。
でき方によって接触変成岩と広域変成岩などに分けられる。

鉱物がならんでしまもようができる

## 広域変成岩の一種、片麻岩

変成岩 広域変成岩

白っぽい鉱物からなる部分と黒っぽい鉱物からなる部分がならんでしまもように見える。

長野県阿南町産
所蔵:国立科学博物館

キラキラ輝くのは白雲母

## 広域変成岩の一種、結晶片岩（紅れん石片岩）

変成岩　広域変成岩

堆積岩のチャート（p.33）が熱と圧力を受けて再結晶（p.11）して、うすくはがれやすくなった変成岩。

群馬県鬼石町産
所蔵:国立科学博物館

こんにゃくのように曲がるふしぎな石。紅れん石片岩と同じ結晶片岩の一種。石英の粒がジグソーパズルのようにからみあい、パズルのピースのあいだに少しだけすきまができているため、そのすきまのぶんだけ動く。

写真:奇石博物館

**接触変成岩**

**結晶質石灰岩など**
圧力の影響が少なく、おもにマグマの接触部分の熱で変化した変成岩。

**広域変成岩**

**片麻岩など**
熱だけでなく、地下深くの大きな圧力を受けて変化した変成岩。

## 変成岩のおもなグループ

熱や圧力によって変成した変成岩は、もとの岩石がこうむった温度・圧力のちがいによって分類されます。マグマに接触しておもに熱で変化した岩石を「接触変成岩（熱変成岩）」、熱だけでなく地下深部の大きな圧力も受けた岩石を「広域変成岩」といいます。そのほか、断層運動にともなって変形・破砕された岩石として「動力変成岩（断層岩）」もあります。

# 焼き物のような接触変成岩

岩石の一部がマグマに接触し、その熱によってできるのが、接触変成岩。
焼き物のようにかたくなっていたり、再結晶により大粒になっていたりする。

## 焼きしまったホルンフェルス

接触変成岩のうち、もともと砂岩や泥岩などが、マグマの熱によって変化したものをホルンフェルスといいます。これは、ドイツ語の「ホルン（角）」と「フェルス（岩石）」を合わせたよび名です。とてもかたく、割れると角ばった石になるのでその名前がついたのでしょう。黒っぽいものの源岩（もとの岩石）は泥岩、白っぽいものの源岩は砂岩です。

**ホルンフェルスの石積み**

つくばセンタービル広場の白っぽい花崗岩と黒っぽいホルンフェルスの石積み。ここのホルンフェルスは、マグマだまりの中の泥岩が割れて焼かれたことでできた。

写真:西本昌司

焼きしまってとてもかたい！

**ホルンフェルス** 変成岩 接触変成岩

とてもかたいので、ハンマーでたたくと火花が飛ぶこともある。

群馬県東村産
所蔵:国立科学博物館

*鉱物の一種で、ホルンフェルスや泥岩を源岩とする片麻岩などに多く見られる。

山口県美祢市産
写真:西本昌司

割れるとキラキラ光る

## 結晶質石灰岩

変成岩 接触変成岩

熱変成を強く受けて大粒になった結晶質石灰岩。サイズの目安として5円玉が置いてある。

## 火成岩の近くにある結晶質石灰岩

結晶質石灰岩は、石灰岩がマグマの熱を受けてできた白っぽい岩石です。再結晶して、方解石という鉱物の結晶だらけになります。方解石は割れ口が平面になりやすいので、割れると光を反射してキラキラします。

肉眼鑑定

### 巻頭(p.6-7)の石の種類

**結晶質石灰岩**

ビルのロビーの床や壁に使われている白い石材は、「大理石」とよばれる石材であることが多い。その大理石の多くが結晶質石灰岩だ。ほかにも、石の彫刻作品によく使われている。

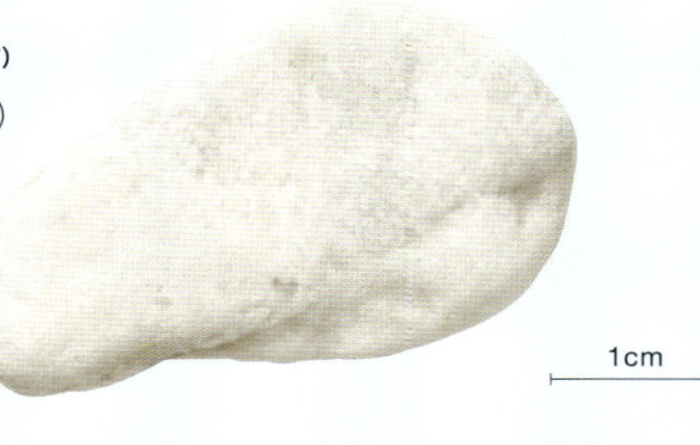


◉ 結晶質石灰岩(p.7)
久慈川・中流(岩手県)の川原の石。

コラム

### 熱で大きな結晶になる

石灰岩の近くに熱いマグマがくると、その熱によって石灰岩の中の鉱物が再結晶して結晶質石灰岩になる。マグマに近くて熱いところほど粒が粗くなり、マグマから、遠い部分ほど熱の影響を受けずに細かい粒のままとなる。再結晶すると白っぽくなることが多い。

◉ **結晶質石灰岩のでき方**

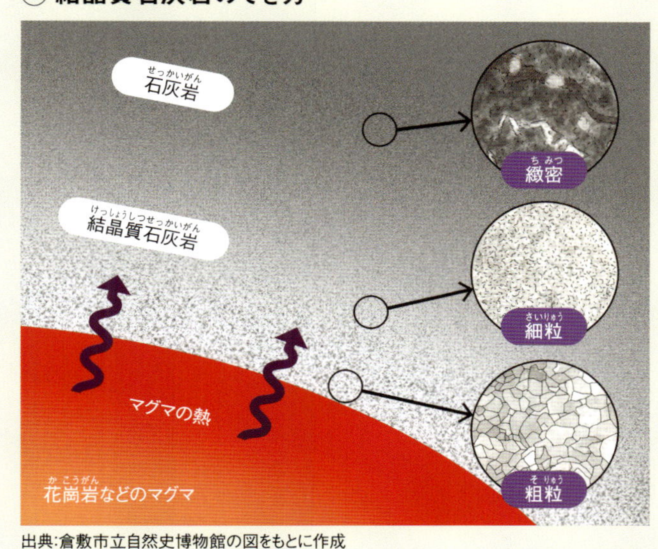


出典:倉敷市立自然史博物館の図をもとに作成

◉ **塩酸でとける結晶質石灰岩** 5巻

久慈川・中流(岩手県)の川原の石(p.7)に希塩酸をかけたところ、勢いよく二酸化炭素の泡を出しながらとけた。この実験は、石灰岩かどうかを確認するときによく使う方法だ。結晶質石灰岩も石灰岩と成分は同じだということがわかる。

# しまもようの広域変成岩

岩石が、高い熱や圧力によって変化したものを広域変成岩という。
鉱物の粒が規則的にならんでしまもようができたり、はがれるように割れたりする特徴がある。

## 高い圧力でできた結晶片岩

地球の地下はもぐるほど、ものをおしつぶす圧力が高くなっていきます。地下の深い場所（地下10～40 kmくらい）では、かたい岩石でさえ形がかわるほど、高い圧力が生じます。深い場所で高い圧力を受けた岩石の中では、小さな鉱物が再結晶して面状にならびやすくなり、うすくはがれるように割れる性質をもつようになります。こうしてできた変成岩は「広域変成岩」とよばれ、そのひとつに結晶片岩があります。

**◉ 三波川の結晶片岩**

三波川の川原で拾った結晶片岩（ぬれた状態）。源岩（もとの岩石）によって見た目はさまざま。ふくまれる鉱物によっていろいろな色をしている。

AREA
藤岡市
（群馬県）

群馬県藤岡市産
所蔵:国立科学博物館

1cm

きれいなしまもようがある

### 結晶片岩 変成岩 広域変成岩

大部分が細かい石英の粒からできていて、とてもかたく、鉄くぎの先でけずっても傷つかない。

マグマになる一歩手前

# 片麻岩

変成岩　広域変成岩

右の写真の片麻岩は、砂岩や泥岩が高温の熱と大きな圧力で変化したもの。

1cm

岐阜県高山市産　所蔵:名古屋大学博物館



## 高熱・高圧でできる片麻岩

結晶片岩と同じくらいの大きな圧力を受けながら、高温の熱も受けてできるのが、片麻岩です。熱の程度は、これ以上熱くなると岩石がとけはじめてマグマになってしまいそうなくらいの高温です。もとの岩石によって見た目はさまざまです。

### “最古の岩石”は片麻岩　5巻

カナダ産の世界最古の岩石と、島根県で発見された日本最古の岩石はどちらも片麻岩。それぞれ約40億年前のトーナル岩（p.19）、約25億年前の花崗岩（p.18）が、地下で高熱と高圧によって片麻岩になった。片麻岩の中にふくまれていたジルコン*という鉱物によって、これらが生まれた時代を推定することができた。

*鉱物の一種で、年代の測定に使われる。5巻にくわしい。

◉ 世界最古の岩石

1cm

カナダ産
所蔵:奇石博物館

約40億年前のトーナル岩が変成作用を受けてできた片麻岩。「アキャスタ片麻岩」とよばれている。

◉ 日本最古の岩石

島根県津和野町産　1cm

写真:木村光佑

約25億年前にマグマが固まってできた花崗岩が、18億3000万年前に変成作用を受けてできた片麻岩。

肉眼鑑定

## 巻頭（p.6-7）の石の種類

### 結晶片岩（片岩）のなかま

うすく割れやすいため平べったい形であることが多い結晶片岩。緑っぽいものは緑色片岩、黒っぽいものは黒色片岩（泥質片岩）などと区別される。

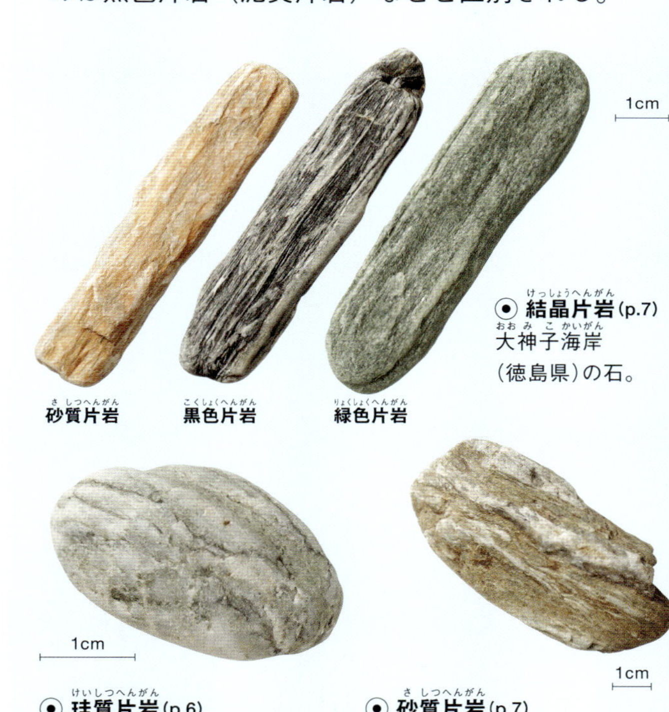

1cm

◉ 結晶片岩（p.7）
大神子海岸（徳島県）の石。

砂質片岩　黒色片岩　緑色片岩

1cm

◉ 珪質片岩（p.6）
糸魚川海岸（新潟県）の石。

1cm

◉ 砂質片岩（p.7）
荒川・上流（埼玉県）の川原の石。

1cm

◉ 黒色片岩（p.7）
サロマ湖（北海道）の砂州の石。

# 地下深くでできた広域変成岩

もともとあった岩石が、地下深くでとくに強い圧力を受けたり、熱水と反応したりしてできた変成岩。かぎられた場所でしか見られないもので、とても個性的だ。

## かんらん岩が水で変化した蛇紋岩

蛇紋岩はとても深い場所から地表にやってくる岩石です。地球内部のマントルをつくっているかんらん岩が、地下で熱水と出会うことで蛇紋岩に変化します。

「蛇紋岩」という名前は、「ヘビのようなもようの石」という意味です。すべすべした暗緑色のなかに、白い筋がたくさん入っています。

**◉ 旧前田家本邸**

東京都目黒区にある、旧前田家本邸洋館。柱などに蛇紋岩が使われており、みごとな装飾がほどこされている。

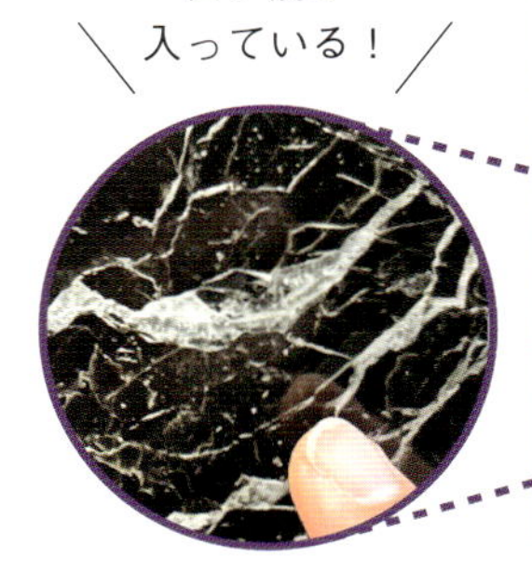

白い筋が入っている！

**蛇紋岩** 変成岩 広域変成岩

磁鉄鉱をふくんでいるので、磁石がつくことがある。

5mm

埼玉県越生町産
所蔵:国立科学博物館

手にしたときにズシリと重い

1cm

## ひすい輝石岩 変成岩 広域変成岩

ひすい輝石が集まってできた岩石。ひすい輝石は本来白っぽいが、緑色の輝石をともなうために緑っぽくなることが多い。



## 蛇紋岩が運んできた「ひすい」

「ひすい」とよばれる岩石の正式な名前は「ひすい輝石岩」です。輝石という鉱物の一種、ひすい輝石のほか、オンファス輝石や長石などもふくんでいます。

ひすい輝石は、地下の深いところで熱水からできますが、重いので、そのままでは地上まで上がってこられません。そこで、より軽い蛇紋岩とともに地上に上がってきたと考えられています。

新潟県糸魚川市産　所蔵:国立科学博物館

### 巻頭(p.6-7)の石の種類

**蛇紋岩**

蛇紋岩は川原や海岸で拾えるほか、まちのなかのビルでも見つかる石。その石が、地下深くマントル由来のかんらん石からできていると思うと、人類未到の場所から届いた地球からのメッセージに思える。

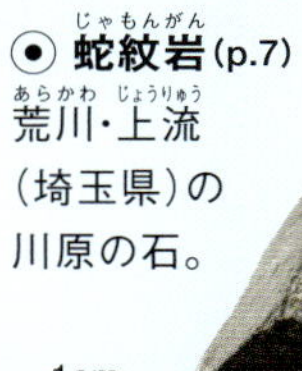

● 蛇紋岩(p.7)
荒川・上流(埼玉県)の川原の石。

1cm

● 蛇紋岩(p.6)
糸魚川海岸(新潟県)の石。

1cm

● ひすいの大珠
青森県にある三内丸山遺跡で発見された大珠という縄文時代の飾玉。新潟県糸魚川市産のひすいが使われている。

写真:三内丸山遺跡センター

### ひすいの名産地「糸魚川」 5巻 歴史

ひすいは昔から日本列島に住む人たちに親しまれてきた。新潟県糸魚川市のひすいは、ふくまれていたジルコンを調べたところ約5億2000万年前のものとわかり、「世界最古のひすい」とされる。また、同市の縄文時代の遺跡から、ひすいを使った「たたき石」という、食べ物をすりつぶすための石器が見つかり、糸魚川市は、「世界最古のひすい文化発祥の地」と認められた。

● 国石のひすい

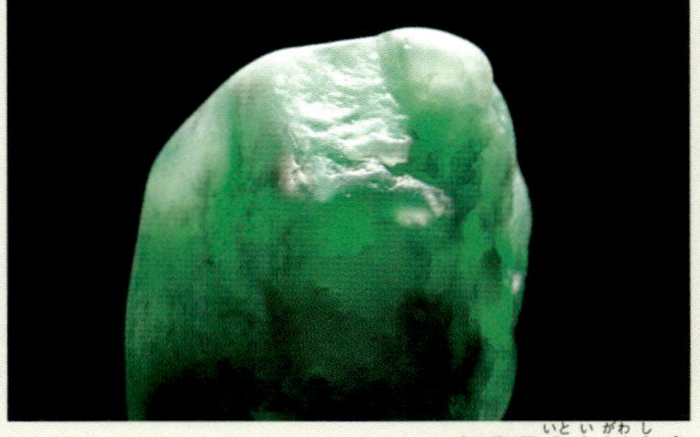

新潟県糸魚川市産

2016年、日本鉱物科学会により日本を代表する「国石」にひすいが選ばれた。

● 糸魚川海岸(ヒスイ海岸)

写真(2点とも):糸魚川ジオパーク協議会

新潟県糸魚川市の海岸。小石からなる海岸ではひすいが拾えることも。淡い緑色の石がひすい。

石に親しむはじめの一歩!

# 岩石を拾って名前を調べよう

小石を拾うなら川原や海辺がおすすめ。
拾った岩石のもようを観察したり、みがいたりしてみよう。

【注意】国立公園などに指定された地域では岩石の移動も禁止されています。拾った岩石を持ちかえるときは、持ちかえってよい場所か事前に確認し、持ちかえる岩石は最小限にしましょう。
また、大人といっしょに行動し、危険な場所には立ち入らないようにしましょう。

## 拾う

### 川原で石拾い

久慈川・中流の川原から見た下流方向のながめ(上左)。ここで拾った石(上右)は、指先に近い白っぽい石(p.7とp.39)から反時計回りに、ごま塩おにぎりのような石(p.7とp.19)、赤茶色の角ばった石(p.7と33)、白っぽい角ばった石(玉ずい)。

### 海辺で石拾い

糸魚川市の海岸で拾った小石(上左)。一帯は、東西約4kmにわたって色とりどりの小石からなる海岸が続いている。拾った小石は、石の同定キットを使って自分で調べたり、近くにあるフォッサマグナミュージアムで鑑定してもらうことができる。

## 手のひらサイズより小さめに

川原や海辺へ出かけて、これまで見向きもしなかった小石を拾ってみると、意外に楽しいことに気づくでしょう。腰を下ろして、色やもようが少し気になる小石を3つ、4つ手のひらにのせただけで、ちょっとした宝石を手に入れた気分になれるのです。拾う小石の大きさは、おだんごからおはぎくらいの大きさがいいでしょう。拾ったあとに小石を持って歩くにも、保存するにもちょうどいい大きさです。

## 石の博物館に行ってみよう!

### 拾った石でオリジナルカードを集めよう

「石の鑑定」サービスがある(鑑定日はホームページで要確認)。同サービスを受けると、フォッサマグナミュージアムオリジナルの鑑定ラベルがもらえる。自分で拾った石の名前を知るだけでなく、その石がどうやってできたのかが書かれたラベルとカード(有料)を集めるのも楽しい。カードを集めると「ロックスター伝説」というカードゲームができる。

**◉ フォッサマグナミュージアム**
**所在地**:新潟県糸魚川市大字一ノ宮1313
**電話**:025-553-1880

### めずらしい石をテーマに遊べる博物館

岩石・鉱物・化石をテーマにふしぎなものを集めた博物館。富士山のふもとにある。1971年に日本ではじめて「石の博物館」として開館した。展示内容にひと工夫あって、とても楽しい。宝石さがし体験ができる「鉱物わくわく広場」は親子連れに人気がある。無料で岩石の肉眼鑑定を受けつけているが、事前に電話で確認が必要。

**◉ 奇石博物館**
**所在地**:静岡県富士宮市山宮3670番地
**電話**:0544-58-3830

### 日高山脈の岩石と地質にくわしい博物館

小学生以上が参加できる、岩石にまつわる体験教室やセミナーが充実している。自然の中で楽しむ「おたから石発見隊」や「日高の岩石観察入門」のほか、建物の中で岩石の薄片を観察できる「岩石を顕微鏡で見てみよう」などさまざま。岩石の鑑定はいつでも受けいれているが、学芸員が不在だと対応できないので、事前に電話などで確認するとよい。

**◉ 日高山脈博物館**
**所在地**:北海道沙流郡日高町本町東1丁目297-12
**電話**:01457-6-9033

川原や海辺で
いろんな石が
拾えるんだね！

そうさ。
日本列島ならではの
おもしろさだよ。

## 名前を調べる

岩石の鑑定に行こう！

AREA
フォッサマグナミュージアム（新潟県）

### 「石の鑑定」サービス

石の鑑定サービスをおこなっている博物館（p.44）では、持参した岩石を鑑定してもらえる。予約が必要な施設もあるので、事前に電話で問いあわせよう。

### 岩石の鑑定結果

拾った石の名前がわかったら、なぜその岩石がそこにあるのか調べよう。くわしい本や博物館の展示がおすすめだ。

石に日付と場所を書くと標本になる。

コラム

### 石をみがこう！

　拾ってきた石をみがくと、見た目もきれいになって観察しやすくなる。100円ショップなどで手に入る耐水ペーパーのセットを使ってみがいてみよう。ホームセンターで手に入る刃物とぎ機を使えば、ピカピカにするのも夢じゃない！

刃物とぎ機でみがいたらピカピカに！

**①海辺で拾った石**

大神子海岸（徳島県）で拾った結晶片岩（p.7とp.41）。割ったように見えるが、自然のままの形。作業は、よごれてもよい場所で頑丈な台の上などでおこなうこと。

**②粗目の耐水ペーパーでみがく**

100円ショップで販売している耐水ペーパー6枚セットなどを使う。まずは、番手の小さな粗目のペーパーでみがく。すべすべ感の変化がなくなったら番手をかえるとよい。

**③細目の耐水ペーパーでみがく**

使う耐水ペーパーの番手を少しずつ大きくしてみがきつづける。石によっても、自分の好みによっても、みがき方はそれぞれ。6種類の番手それぞれにつき約20分ずつみがいた。

**④手でみがいた結晶片岩**

①の状態とくらべると見た目にはあまり変化がないように見えるが、手ざわりはすべすべになった。ピカピカになるようにするにはさらにみがく必要がある。

写真・制作：スカレンジャー

**◉白雲母が輝く結晶片岩**

包丁やはさみなどをとぐための家庭用の刃物とぎ機と丸く切った耐水ペーパーを使うと、1時間足らずでピカピカになった。ふくまれている鉱物の白雲母が輝いている。

# さくいん


## あ

アキャスタ片麻岩 41
アクアマリン 19
アルカリ長石 8,16,18,19,22
安山岩 10,17,24,25
アンモナイト 15,35
塩酸 39
大谷石 29
オンファス輝石 43

## か

ガーネット 15,19
海綿動物 15
海嶺 13,25
核 12
角閃石 19,20,24,25,36
花崗岩 8,10,14,16～22,38,39,41,45
火砕流 29
火山岩 10,17,21～25
火山砕屑岩 10,26～29
火山灰 26～29
火山れき凝灰岩 29
霞 32
火成岩 9～13,16～25
下部マントル 12
軽石 23,29
軽石凝灰岩 29
かんらん岩 13,17,21,42
かんらん石 13,17,21,25,43
輝石 17,20,21,24,25,43
旧石器時代 23
凝灰岩 27～29
凝灰質砂岩 26
菫青石 38
黒雲母 8,9,16,18,25,36
珪質片岩 41
頁岩 27,31
結晶 9,13,15,19,21～23
結晶質石灰岩 37,39
結晶片岩 10,37,40,41,45
原子 9
玄武岩 10,17,24,25
広域変成岩 10,36,37,40～43
鉱物 8～14,16～25,31,35,36,39～41,43～45
紅れん石片岩 37
黒色片岩 41
国石 43
黒曜岩 17,23
固結 11
コンクリーション 34,35
こんにゃく石 37

## さ

再結晶 11,12,37～40
砕屑岩 10,27,30,31
砂岩 10,26,27,31,38,41
ざくろ石 15,19
砂質片岩 41
サモア 15
サンゴ(礁) 27,32,33
磁鉄鉱 42
斜長石 8,9,18～21,24,25
蛇紋岩 42,43,45
褶曲 13
ジュライエロー 15
上部マントル 12,13
縄文時代 17,23,43
ジルコン 41,43
白雲母 45
深成岩 10,16～20
水晶 19,31
諏訪鉄平石 24
生物岩 10,27,32,33
石英 8,9,16,18,19,26,36,37,40
石灰岩 15,27,32,39
接触変成岩 10,36～39

閃緑岩 8,17
造岩鉱物 13
続成作用 11

## た

堆積岩 10〜12,26〜35,37
堆積物 11,13
大理石 21,39
多胡石 31
誕生石 15
断層岩 10,37
タンブラウン 14
地殻 12,20
チャート 10,27,33,45
中性子 9
長石 36
泥岩 25,27,31,38,41,45
デイサイト 24,25
電気石 19
電子 9
等粒状組織 21
トーナル岩 19,41
トルマリン 19

## な

ノジュール 35

## は

斑状組織 21,25
斑れい岩 17,20,21
ひすい 43
ひすい輝石 43
ひすい輝石岩 43
ひすいの大珠 43
風化 11,21,35
付加体 13,33
プレート 12,13,32
ペグマタイト 16,19
ペリドット 13
ベレムナイト 15
変成岩 10〜13,36〜43
変成作用 11
片麻岩 15,21,36,37,41
方解石 35,39
放散虫 32,33
ホルンフェルス 38

## ま

マグマ 10〜13,16,17,21〜24,37〜39,41
マントル 12,13,17,21,42,43
万成石 14,18
御影石 21
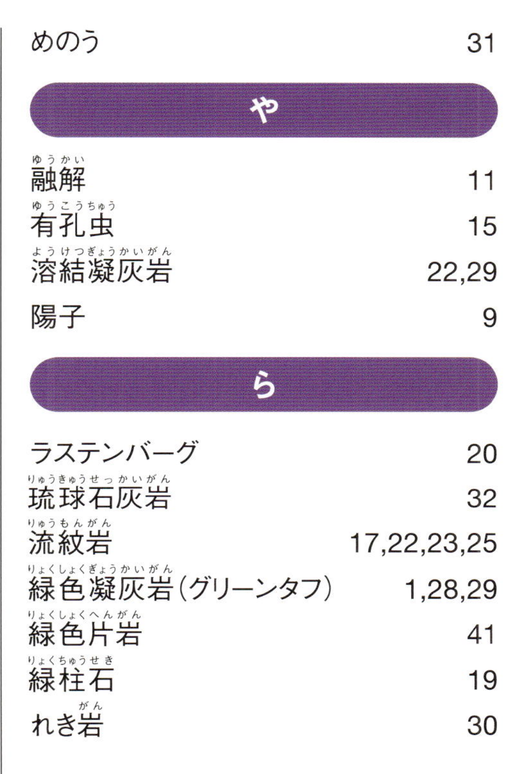
めのう 31

## や

融解 11
有孔虫 15
溶結凝灰岩 22,29
陽子 9

## ら

ラステンバーグ 20
琉球石灰岩 32
流紋岩 17,22,23,25
緑色凝灰岩（グリーンタフ） 1,28,29
緑色片岩 41
緑柱石 19
れき岩 30

監修：西本昌司（にしもとしょうじ）

愛知大学教授。広島県三原市出身。筑波大学第一学群自然学類卒業。同大学院地球科学研究科修士課程修了。博士（理学、名古屋大学）。専門は、地質学、岩石学、博物館教育。NHKラジオ「子ども科学電話相談」の回答者としても活躍中。著書に『くらべてわかる 岩石』（山と渓谷社、2023）、『観察を楽しむ 特徴がわかる岩石図鑑』（ナツメ社、2020）、『東京「街角」地質学』（イースト・プレス、2020）など。

**取材協力（五十音順）**
岩永洋志登、奇石博物館、北垣俊明、郡山鈴夏、澁江摩樹、スカレンジャー、堤 之恭、日高山脈博物館、フォッサマグナミュージアム、宮脇律郎、山元孝子

**写真・画像提供（五十音順）**
秋吉台国際芸術村、糸魚川ジオパーク協議会、石橋 隆、大谷資料館、木村光佑、様似町アポイ岳ジオパーク推進協議会、三内丸山遺跡センター、竹下光士、西本昌司、畠山泰英、堀 利栄、村宮悠介、a_collection/amanaimages、Daniele Mezzadri、shutterstock

**おもな参考文献（順不同）**
高木秀雄監修『CG細密イラスト版 地形・地質で読み解く日本列島5億年史』（宝島社）
西本 昌司著『観察を楽しむ 特徴がわかる 岩石図鑑』（ナツメ社）
西本 昌司著『東京「街角」地質学』（イースト・プレス）

日本列島5億年の旅

大地のビジュアル大図鑑 4

# 大地をつくる 岩石

発行　2024年11月　第1刷

**装丁・デザイン**
矢部夕紀子（ROOST Inc.）

**デザイン**
村上圭以子（ROOST Inc.）

**DTP**
狩野蒼（ROOST Inc.）

**イラスト**
マカベアキオ

**写真撮影**
宮本英樹

**校正**
有限会社あかえんぴつ

**協力**
国立科学博物館、鈴木有一（株式会社アマナ）

**編集**
畠山泰英（株式会社キウイラボ）

監修：西本昌司（にしもと しょうじ）
発行者：加藤裕樹
編集：原田哲郎
発行所：株式会社ポプラ社
〒141-8210
東京都品川区西五反田3丁目5番8号　JR目黒MARCビル12階
ホームページ：www.poplar.co.jp（ポプラ社）　kodomottolab.poplar.co.jp（こどもっとラボ）
印刷・製本：瞬報社写真印刷株式会社

ISBN978-4-591-18292-5/N.D.C.458/47P/29cm


P7254004

日本列島5億年の旅

# 大地のビジュアル大図鑑

N.D.C.450

1. 地球の中の日本列島　監修：高木秀雄　N.D.C.455
2. 地球は生きている 火山と地震　監修（火山）：萬年一剛　監修（地震）：後藤忠徳　N.D.C.453
3. 時をきざむ地層　監修：高木秀雄　N.D.C.456
4. 大地をつくる岩石　監修：西本昌司　N.D.C.458
5. 大地をいろどる鉱物　文・監修：西本昌司　N.D.C.459
6. 大地にねむる化石　文・監修：田中康平　N.D.C.457

小学校高学年～中学向き

・B4 変型判　・各47ページ
・図書館用特別堅牢製本図書